爆笑大宇宙

ブラックホールって
すごいやつ

〔日〕本间希树◎著
〔日〕吉田战车◎绘
张斯尧◎译
苟利军◎审订

北京科学技术出版社

本间老师致读者的一封信

"事件视界望远镜"（Event Horizon Telescope, 简称 EHT）是一个以观测并拍摄黑洞为目的的国际研究计划。2019 年 4 月，人类通过这个计划，有史以来第一次成功拍摄到了黑洞。我是日本国立天文台水泽 VLBI（Very Long Baseline Interferometry，即甚长基线干涉测量技术）观测所的所长，同时也是 EHT 计划中日本团队的负责人。

很多人都知道黑洞是客观存在的事物，将它称为"宇宙中最不可思议的天体"。的确，宇宙中充满了未知，黑洞至今仍被重重的谜团笼罩着。不过，我想，如果人们能够亲眼看到黑洞的照片，可能就会对它产生一些亲近感，不会再觉得它那么遥不可及了。

作为一名天文学者，越是研究宇宙，我就越能体会到宇宙的不可思议以及人类诞生于其中的奇妙与偶然。我创作此书，也是希望大家能够感受到宇宙的神奇，以及人类的存在是多么难得的巧合。

如果这本书能让更多的人了解到"我们人类能在宇宙中诞生是一件非常幸运的事情"，我将感到由衷的喜悦。

日本国立天文台水泽 VLBI 观测所所长

本间希树

在阅读本书前，希望大家了解的几件事

谈到"宇宙"，你会想到什么呢？

我想，应该有不少人都抱有和下图人物相似的想法吧？

对于我们地球人来说，很多在宇宙中发生的事情都难以理解，而且距离日常生活太遥远了。老实说，即使不了解宇宙中发生的事情，我们也能继续生存下去。

但是，其实宇宙中任何一点微小的变

本间老师

哈，宇宙？感觉挺复杂的。

不太了解呢。

宇宙，这和我有什么关系呀……

人类的诞生是宇宙中无数偶然的积累

动，都有可能会影响到人类的诞生、发展以及我们现在的生活。如果宇宙的性质或法则发生了变化，人类有可能根本就不会出现。

宇宙的形成和发展充满了偶然。宇宙出现后才有地球，地球出现后才有人类。想想这个漫长的过程，我们就能感受到人类的诞生是一件多么幸运的事。

希望大家能够通过阅读这本书了解这一过程，并体会到我们能生活在这个世界上是多么不可思议。

那么，就让我们赶快开始探索这个"不可思议的世界"吧！

本间老师的助手
宇宙田君

第1章 比"奇迹"更"奇迹"的 宇宙

第3章 难以置信的黑洞

黑洞的引力

黑洞的吸引力

黑洞的"食欲"

被黑洞迷住的人们

黑洞的质量

黑洞的嗝儿

黑洞的亮度

黑洞输出的能量

黑洞和时间

黑洞和白洞

微型黑洞

黑洞的寿命

第4章 比浪漫更浪漫的外星人

比"奇迹"更"奇迹"的

第一章

宇宙

如果宇宙的性质或法则与现在相比出现了一点点的差异，人类可能就不会出现了

现在的宇宙是怎样诞生的？没人能给出确切的答案。目前我们能知道的是：但凡宇宙的性质或法则发生一点点变化，不仅地球和人类，甚至连宇宙本身都可能会不复存在。如果深入思考一下，我们就会发现人类正是因为一些超乎寻常的、不断积累的、奇迹般的偶然事件才得以诞生的。本章就来为大家介绍一下这"在无数奇迹中诞生"的宇宙究竟有多么不可思议。

宇宙年表

从大爆炸到地球的诞生

大爆炸

请参考
第22页！

↓

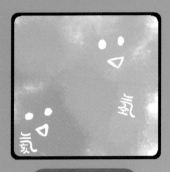

元素合成

请参考第28页！

银河系诞生

请参考第54页！

138亿年前　　**135亿年前**　　　　**132亿年前**

宇宙放晴

（宇宙微波背景辐射）

请参考第34页！

宇宙中第一颗星星的诞生

请参考第30页！

宇宙源于距现在 138 亿年前的
宇宙大爆炸（Big Bang）。
在古老而宏大的宇宙中，
我们人类就像是初生的婴儿。

现在

太阳诞生
请参考第80~84页！

46亿年前

**银河系群星诞生和
黑洞形成**
请参考第54页或第三章！

地球和月球诞生
请参考第86页！

恒星的一生

← 恒星的循环
← 恒星的死亡

原恒星

刚刚出生的"恒星宝宝"。通过自身的引力吸引周围的各种物质并逐渐变大。

分子云

密度极高的星际气体（飘浮在恒星与恒星之间的气体）因自身引力聚集而成的低温、高密度的云。

主序星

原恒星逐渐变大，当其中心温度达到1000万摄氏度左右时，会在氢的核聚变反应下变为发光的主序星。

我们仰望夜空时，看到的那些一闪一闪、散发出美丽光芒的星星，绝大多数都是恒星，它们都是由宇宙中飘浮的气体和尘埃组成的。你知道这些恒星是怎样度过一生的吗？它们经历了各种各样的演化，最终化作气体和尘埃，回归宇宙。而这些气体和尘埃，又会成为下一代恒星的构成材料。

详情请参考第46、50页

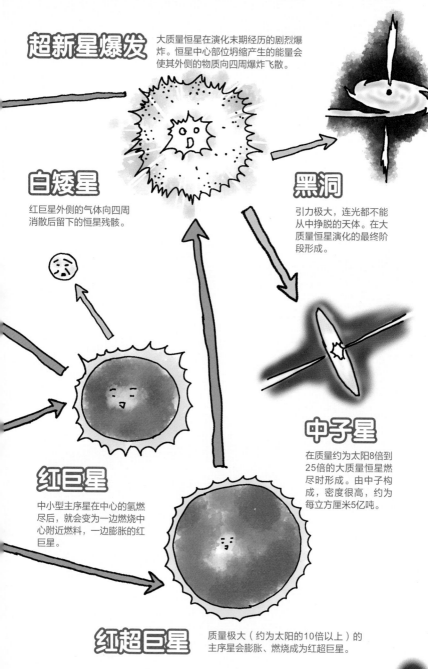

超新星爆发

大质量恒星在演化末期经历的剧烈爆炸。恒星中心部位坍缩产生的能量会使其外侧的物质向四周爆炸飞散。

白矮星

红巨星外侧的气体向四周消散后留下的恒星残骸。

黑洞

引力极大，连光都不能从中挣脱的天体。在大质量恒星演化的最终阶段形成。

红巨星

中小型主序星在中心的氢燃尽后，就会变为一边燃烧中心附近燃料，一边膨胀的红巨星。

中子星

在质量约为太阳8倍到25倍的大质量恒星燃尽时形成。由中子构成，密度很高，约为每立方厘米5亿吨。

红超巨星

质量极大（约为太阳的10倍以上）的主序星会膨胀、燃烧成为红超巨星。

宇宙的起源

浩瀚而神秘的宇宙自诞生距今其实已有 **138 亿年** 了。

我们所处的宇宙现在虽然广阔无垠，但是在刚刚诞生的时候，也不过是**一粒小小的"种子"**。这粒"种子"的直径只有 **10^{-34} 厘米**，就算我们用超高分辨率显微镜来观测，也绝对看不到它。

但是，它并不是一粒普通的种子。从我们脚下的土地、呼吸所需的氧气、每天都要喝的水，到挂在天空中的太阳、月亮、星星，太空中的一切事物都起源于这粒"种子"，而后经过了漫长的时间才演变为现在的样子。目前仅在宇宙可观

如果将时间倒退至 138 亿年前，我们就会发现，宇宙中所有的物质都源于同一颗『种子』

不知道，实际情况究竟是怎样的呢？

138亿

※本书漫画的阅读顺序为从右至左——编者注

测范围内，我们就已经探测到了 2000 多亿个星系。如果每个星系中都有 1000 亿颗恒星，那么整个宇宙中的恒星将多达 2×10^{22} 颗（2 的后面要加上 22 个 0，这真是个不可思议的数字）。

这粒不可思议的"种子"竟能装下这么多的恒星所包含的物质，而且它在 138 亿年前就已经存在了！这如同科幻片一样令人难以置信的事情竟是事实，而这也正是宇宙的不可思议之处。如果能把宇宙 138 亿年以来的历史像电影那样倒放出来，大家就能看到现在宇宙内的全部物质是如何一步步重新凝集，回到用肉眼完全看不到的"种子"中的。

物理学家亚历山大·维连金（Alexander Vilenkin）博士曾提出一种假说。他认为宇宙在诞生之前，周围填满了"无"。

年 前

它的周围什么都没有吗？

是腌梅干吗？

这就是宇宙的『种子』……

放大 10^{34} 倍的"种子"

宇宙始于一场巨大的『爆炸』
——宇宙大爆炸

最初那颗小小的"种子"，到底是怎么变成现在这样的呢？

实际上，这是一个极其壮观的过程。"种子"般的宇宙在其诞生后的仅仅 10^{-34} 秒内（也就是把 1 秒平均分成 1000000000000000000000000000000000 份，仅取其中一份的时间）就以爆发性的速度急速膨胀。

这个过程被称为**暴胀**，会释放出巨大的能量，产生真空相变现象（像水变成冰这样的现象）。

随后，**宇宙不断膨胀**，我们现在所居住的宇宙就这样新鲜出炉了。

  这就是著名的**宇宙初期爆炸——宇宙大爆炸**。令人感到惊奇的是，这场大爆炸就发生在宇宙诞生后仅仅不足 1 秒的时间之内。

  刚刚经历过宇宙大爆炸的宇宙，温度极高，根本不适合人类居住，就连构成我们身体的元素都还没有形成。

  后来，宇宙经过几亿年的发展，出现了星系、恒星，再后来又出现了行星，才逐渐成了现在的样子。

  可以说，**我们正生活在一颗曾经急速膨胀变大的"火球"里**。

地球和太空的边界在哪里呢？根据国际航空联合会（The Fédération Aéronautique Internationale，简称 FAI）的定义，高于地球海平面 100 千米的地方就属于太空了。

宇宙大爆炸与宇宙的膨胀

受到宇宙大爆炸的影响，宇宙现在还在持续膨胀

许多证据都表明大爆炸是真实发生过的，其中之一就是**宇宙仍在继续膨胀**这个客观事实。

美国天文学家**爱德文·哈勃（Edwin Hubble）**在 1929 年就率先意识到宇宙正在膨胀。哈勃被誉为**20 世纪最伟大的天文学家**之一，但他并不是一个头脑发达的"书呆子"，而是一个"文武双全"的人物。哈勃在**体育**方面可以说是一位**全能型选手**。在高中时期，他就曾在**田径**项目中大放异彩。上了大学后，哈勃还成了一名闻名全校的**重量级拳击运动员**。

哈勃在观测星系时发现，绝大部分星系都在

在现实中其实并不存在这种必杀技。

非常

可惜

远离地球，而离地球越远的星系远离地球的速度越快，这令他感到不可思议。后来，他通过复杂的计算和研究，发现了造成这一奇怪现象的原因——**宇宙正在膨胀！** 这一重大发现让人类对宇宙的认识产生了巨大的飞跃。

为什么宇宙现在仍在膨胀呢？简单来说，首先，**宇宙大爆炸的威力十分强大**，因此宇宙至今仍**在宇宙大爆炸的"惯性"下继续扩张**。此外，宇宙中还存在一种被称为"暗能量"的神秘力量，在它的推动下，宇宙扩张的速度越来越快。

发生在 138 亿年前的大爆炸至今仍在影响着星系的运行。现在，我想大家应该能感受到宇宙最初的这场大爆炸到底有多剧烈了。

哈勃空间望远镜（Hubble Space Telescope）是在距离地面约 600 千米的轨道上运行的太空望远镜，它的名字正是源于爱德文·哈勃。

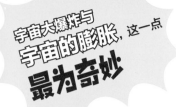

如果宇宙停止膨胀，人类可能会消失？

"嗯，我知道了，原来宇宙正在膨胀啊。可是这和我们地球人完全没有关系啊！"有这种想法的人，请先不要急着下结论！实际上，宇宙是否在膨胀对地球来说非常重要。

如果有一天**宇宙真的停止膨胀了**，将会发生什么呢？**它有可能会因被挤压而收缩。**

这个话题有点复杂，让我们讲得稍微详细一点。引力是一种可以让物体相互吸引，可以使宇宙收缩的力量。宇宙中所有的物质不仅会受到暗能量的影响，也会受到引力的作用，太阳和地球这样的天体也不例外。宇宙中的物质在引力的作用下，一旦"有机可乘"，就想把自己附近的物质吸引过来。也就是说，目

我还不想停下来呢！

前在宇宙中既存在使宇宙膨胀的力（暗能量），又存在使宇宙收缩的力（引力）。而现在的宇宙之所以还在膨胀，是因为在膨胀和收缩这两股力量的交锋中向外膨胀的力量更强。

如果支撑宇宙扩张的力变弱，导致膨胀停止了，**宇宙中的各种物质就会由于互相吸引而逐渐聚集崩溃。宇宙会因此而开始收缩，最终缩成一个点。**地球在此影响下将无法保持现在的形状，**人类大概也会消失吧。**

再进一步讲，如果向外扩张的力量比物质之间的引力更小，宇宙也许会加速收缩成大爆炸之前那颗"小小的种子"，甚至都不会发生宇宙大爆炸。多亏宇宙不断努力地"变大"，我们人类才有机会诞生。

在宇宙大爆炸之后，宇宙依旧在扩张。目前我们可以观测到的宇宙半径大约为 460 亿光年。

构成宇宙的
材料

宇宙中的群星闪耀着不同的光芒，其实它们的构成成分都是大致相同的。举个例子，让我们来看一下构成**太阳的材料**：在太阳中，氢元素大约占 70%，氦元素大约占 25%，剩下的为其他元素。如果我们看一看距离太阳很远的恒星（像太阳一样燃烧的星星）或星云，再调查一下它们的构成成分，就会发现这些天体中**氢元素和氦元素的比例几乎和太阳中的没有什么不同**！

它们明明离太阳那么远，为什么构成元素之间的比例却几乎与太阳相同呢？这个问题可以用宇宙大爆炸来解答。

宇宙在形成初期曾是一个**高温高压的火球**，它

在夜空中闪烁的星星基本都是由氢元素和氦元素构成的

快别说了啦，氢。

说不定它们就像懵懂的年轻人一样，还谈过一场酸酸甜甜的恋爱呢。

才不会呢。

在**不断膨胀的同时也在不断冷却**，这时首先产生的正是氢元素和氦元素，其中**氢元素大约占 75%**，**氦元素大约占 25%**。在这样的环境中，宇宙中形成的恒星或星云才会在元素构成和比例上如此接近。这一现象被称为**原初核合成**，是证明宇宙大爆炸真实存在的理论依据之一。

这就类似于，我们在相隔很远的几个地方随机捡到了几块石头，在调查了它们各自的构成成分后，我们发现这些石头其实都来自同一座火山，它们只不过是在火山喷发时被喷射到了不同的地方而已。

不管怎么说，如果两种天体的"出生地"和"生长环境"都不一样，但内部元素的构成比例却如此相似，这就绝不可能只是偶然。可以说，恒星、星云中氢元素和氦元素的比例正向我们"述说"着曾经真实发生过的大爆炸的故事。

在恒星内部，元素最初的构成比例大约为"氢元素 75%、氦元素 25%"。不过在之后的发展中，氢元素的含量会下降，氦元素等质量更大的元素的含量会逐渐上升。

氢元素和氦元素出现在宇宙大爆炸后的 **3 分钟**里（恰好和泡一碗泡面的时间相同）。

随后，飘浮在宇宙中的大量的氢元素和氦元素在引力的作用下聚集到一起，形成了分子云。在分子云内部，又会产生像太阳一样由可燃气体构成的恒星。我们将**宇宙中诞生的第一批恒星**称为**第一代星（First Generation Star）**。科学家们推测它可能有太阳的几十倍甚至几百倍那么大。

这颗巨大恒星的中心发生了核聚变反应（元素与元素结合在一起），氢元素和氦元素因此转化成了氧元素、氮元素、铁元素等质量更大的元素。最后，这

宇宙中的所有物质都是由氢元素和氦元素发展而来的

不要说这些让人害羞的话……

颗巨大的恒星发生了一场剧烈爆炸——**超新星爆发**，并产生了比铁更重的元素。

之后，这些元素凭借着爆炸的力量飞散到宇宙的各个角落，又变成了新的恒星的构成材料。

我们人类的身体是由碳、氧等元素构成的，如果追溯到源头的话，这些元素都是在恒星的核聚变反应中由氢和氦结合而产生的。可以说，**我们的身体是由恒星的碎片组成的**。如果我们能够从身体中提取出一部分碳元素或氧元素，并且成功追溯到它们过去的"轨迹"的话，一定会追溯到某一颗恒星。

氦元素的英语名称 helium 来源于希腊语 helios，是"太阳"的意思。
我们给气球充气时使用的氦气正是由氦元素组成的。

宇宙曾是一个火球，它在那时发出的光至今仍将整个宇宙加热了 3 摄氏度

大家知道世界上最低的温度是多少吗？答案是**绝对零度**，大约为 **−273 摄氏度**。

目前整个宇宙空间的最低温度为 −270 摄氏度，**比绝对零度稍微高了 3 摄氏度**。那么为什么宇宙的最低温度会比绝对零度高出 3 摄氏度呢？其实，这一温度差也是**宇宙大爆炸真实发生过的证据之一**。

原始宇宙是大爆炸刚刚结束后的宇宙，是之前提过的那个灼热的火球，它的温度随着自身的膨胀而不断下降，逐渐形成了现在我们生活的宇宙。原始宇宙的内部充满了一种被称为等离子体的气体。在等离子体中，存在着构成原子的原子核（带正电）和电子（带负电）。在很长的一段

3 摄氏度也很重要

时间内，原始宇宙一直持续着阴沉沉的、云层密布的状态。大约经过了 40 万年，等离子体中的原子核和电子终于结合在一起，形成了原子（呈电中性，即既不带正电，也不带负电），宇宙也开始放晴。之前被等离子体阻挠的光终于可以沿直线前进，飞向宇宙的四面八方。

这时诞生的光就是**宇宙初期的光**，它至今仍留在宇宙中，在整个宇宙中散发温暖。这就是宇宙最低温度要比绝对零度稍微高出 3 摄氏度的原因。

如果没有发生过宇宙大爆炸，宇宙将处在真空的状态，它的温度也应该是绝对零度。许多研究者都曾预言过"宇宙初期的光"的存在，并拼命地寻找它。不过，找到它的过程并没有那么简单。

等离子体是不同于固态、液态和气态的第四种物质状态。原子中的原子核和电子分离后，就能得到等离子体。

好冷。

话说，你就不能把西装外套脱下来吗！

谁把空调的温度调到 24 摄氏度的！我要调高 3 摄氏度了！

空调遥控器

※ 此图为漫画效果，危险动作，请勿模仿哟。

学者在解决杂音问题时，偶然发现了能够证明大爆炸存在的「宇宙初期的光」

1964 年，人类首次在地球上捕捉到了宇宙初期的光。**阿诺·彭齐亚斯（Arno Penzias）和罗伯特·威尔逊（Robert Wilson）**这两位科学家当时正在美国的贝尔实验室（这一名字源于电话的发明者贝尔）工作，他们发现实验室的天线总会接收到一些神秘的电波杂音。**"太碍事了，有什么办法能排除这些杂音吗？""这些杂音到底是从哪里来的呀？"**他们为此苦恼不已。

最开始，他们以为是实验室屋顶上沾的鸟粪导致了杂音的出现。然而，即使屋顶上的鸟粪都被清理干净后，杂音也并没有消失。后来，他们又进行了各种各样的研究，最终得出结论：**"这些电波杂音来自宇宙。而且无论朝哪个方向，天线都会接收到相同强度的电波！"**

此后，其他研究者在此基础上继续进行研究。他们发现：**这些电波，正是宇宙在过去的高温时期发出来的光。那时的光波随着宇宙的膨胀一起被拉长，变成了现在我们接收到的电波。**这一结论正与**宇宙大爆炸理论支持者们的预言**完全相符。彭齐亚斯和威尔逊也因此获得了 1978 年的诺贝尔物理学奖。**（清理鸟粪不是无用功，真是太好了！）**

现在，这种电波被称为**宇宙微波背景辐射**。

顺便一提，微波炉的工作原理也与电波有关。就像我们只要把食物放进微波炉，在微波加热后食物就会变热一样，宇宙最初的光直到现在仍然给宇宙增添了 3 摄氏度的温暖。

据说，当时黏糊糊地粘在天线上的大量鸟粪是鸽子的粪便。

天文学家与宇宙大爆炸理论

虽然**宇宙大爆炸**理论现在已经成为了人们**理解宇宙起源的常识性认知**，但是**在100年之前，并不是所有人都马上接受了这一学说**。

1922年，苏联宇宙物理学家**亚历山大·弗里德曼（Aleksander Fridman）**第一次提出了宇宙膨胀的观点。但遗憾的是，他在发表这一观点的三年后就因病去世了，没能看到后来的研究发展。

之后，在1927年，比利时天文学家**乔治·爱德华·勒梅特（Georges Éduard Lemaître）**发表了另一种学说。他认为：**宇宙始于一个"蛋"。我们现在所处的宇宙是在它的爆炸中诞**

最初，宇宙大爆炸理论曾被大家嘲笑

真的不用担心吗……

既没有开始，也没有终结。因此我们根本就不用担心！

永恒不变，自在在

生的。在当时，大多数学者都认为**宇宙是永恒不变的，并不会发生膨胀**。因此对这一学说，他们都发出了**"他究竟在胡说八道什么？"**的质疑，可以说是嘘声一片。

1948 年，美国物理学家**乔治·伽莫夫（George Gamow）提出了新的学说：宇宙最初曾是一个灼热的火球**。他认为，宇宙在原始时期的密度和温度都非常高，它在膨胀的过程中逐渐冷却，并产生了氢和氦等元素。在当时，伽莫夫不仅仅是一位物理学家，还是一位知名的科普作家，他连续创作出了《物理世界奇遇记》和《从一到无穷大》等畅销书。尽管如此，这个学说在当时还是太超前了，依旧没能被大部分的科学家接受。

伽莫夫在发表宇宙大爆炸理论后，沉迷于生物学和基因领域的研究，而且在这些领域也有着突出的表现。

『宇宙本身就是一种

『宇宙永恒论』否定了『宇宙大爆炸理论』的观点。概括一下，『宇宙永恒论』说的是……

天文学家与宇宙大爆炸理论，这一点最为奇妙

『大爆炸』这一名字源于对『谬论』的嘲讽

取名字也很重要！
乔治·伽莫夫

“宇宙大爆炸”这一理论最初完全没有被学者们认真对待，甚至差点被说成是谬论。**其实，“宇宙大爆炸”这个名字正是对“这种理论不可能是正确的”这种看法的嘲讽。**

为大爆炸理论“取名”的是一位来自英国的天文学家——**弗雷德·霍伊尔（Fred Hoyle）**。他支持宇宙永恒论，并坚决反对**宇宙是从爆炸中产生的**。所以，他在参加一档广播节目的时候，就对这一理论进行了嘲讽：**“有人说宇宙是在一场大爆炸（Big Bang）后出现的，但是这怎么可能呢！”**“大爆炸”这一名称正是在这里才出现的。

令人没有想到的是，霍伊尔这个带有嘲讽意味的命名竟然得到了大爆炸理论研究者们的喜爱。之后，

他们把自己的理论正式命名为"宇宙大爆炸"。可能连霍伊尔也没有料到，**自己的一句嘲讽竟然成了流传后世的天文学术语。**

我们在前文中讲解过宇宙微波背景辐射，正是它的被发现让学界对宇宙大爆炸理论的态度大为转变。"宇宙的膨胀""氢和氦元素的比例"以及"宇宙微波背景辐射"成了支持宇宙大爆炸理论的三大证据。在这三项证据的支撑下，越来越多的人开始认为：**虽然宇宙大爆炸理论受到了很多嘲弄，但实际上，或许它才是正确的**？

现在，"宇宙是从一场大爆炸中诞生的"已经成了不可撼动的常识。

宇宙大爆炸理论虽然在最开始的时候被批为谬论，但是在科研人员们长年坚持不懈的努力下，终于得到了学界的认可，是像奇迹一样的理论。

弗雷德·霍伊尔还是一名著名的科幻作家，创作了《黑云压境》《离太阳只有七步》等作品。

宇宙中的神秘物质

暗物质和暗能量

宇宙中存在着『身份不明』的

在不断探索宇宙大爆炸的过程中，科学家们发现，宇宙中还存在着很多的未解之谜，比如**暗物质（Dark Matter）**与**暗能量（Dark Energy）**。这两个名字好像只有在科幻作品中才会出现，比如反派会说出**"哈哈哈，就让你尝尝我暗能量的厉害！"**这样的台词。其实，暗物质和暗能量都是真实存在的。

在整个宇宙中，暗能量大约占68%，暗物质大约占27%，而构成地球、太阳以及我们的身体等的普通物质大约只占5%。这样看来，宇宙中遍布着"黑暗之谜"。这些暗物质、暗能量既不能发光，也不能发射电波，所以谁都没有实际看见过它们的真实面貌。但是，科学家们已经通过

有呢。

到底是什么关系呢？我也是一点头绪都没

嗯……

他们是『亲戚』吗？

表兄弟？

暗能量

研究发现，如果没有这些神秘物质，现在的宇宙就无法存在。

比如说，**暗能量有着促使宇宙膨胀的力量**。现在，宇宙正处在加速膨胀的阶段，科学家们认为很可能就是暗能量在推动着宇宙不断扩张。

暗物质和银河系的形成有着直接的关联。**暗物质拥有强大的引力，有着使物质聚集到一起的力量。**正因为有了暗物质，银河系才得以形成，我们人类才有机会诞生。

如果暗能量和暗物质的力量不能保持平衡，那么宇宙可能就会开始收缩，或是因为引力不足而无法形成分子云和恒星，变成人类无法生存的宇宙。

好莱坞的科幻电影《量子启示录》讲述的就是人类如何避免地球与暗物质相撞的故事。

想要否定大爆炸理论的爱因斯坦却发现了暗能量！

暗能量是一种充满神秘感的能量，即使是最新的科学成果也无法完全解开有关它的重重谜团。但是早在 20 世纪，就有一位了不起的科学家预言了它的存在，他就是天才物理学家**阿尔伯特·爱因斯坦（Albert Einstein）**。

爱因斯坦在 20 世纪发表了举世震惊的**相对论（包括广义相对论和狭义相对论）**，后者成了**解释宇宙中所有现象的基础理论**。

但是，当爱因斯坦试着用相对论去阐述宇宙的全貌时却发现：从计算结果来看，宇宙是在膨胀的。

在最开始时，爱因斯坦并不赞同宇宙大爆炸理论，他认为**宇宙是静止的，是没有开端的**。为了维持宇宙的

静止，爱因斯坦在公式中引入了**宇宙常数**这一概念，这是一个能使宇宙保持一定大小的神秘常数。在加入了宇宙常数后，宇宙就可以始终保持静止状态，既不会膨胀也不会收缩了。也就是说，为了让**"宇宙是静止的"**这一结论成立，爱因斯坦强行引入了宇宙常数。

后来，宇宙大爆炸理论得到了证实，爱因斯坦也坦言自己**"一生中最大的错误就是否定了宇宙大爆炸理论"**，并否定了自己提出的宇宙常数。然而，随着暗能量的存在被证实，科学家们发现暗能量的数值与爱因斯坦提出的宇宙常数几乎完全相同。

爱因斯坦强烈地想要证明宇宙是静止的，结果反而发现了连最新科学成果都无法解释的神秘的暗能量，可真的是失之东隅，收之桑榆啊！

据说美国国防情报局 (Defense Intelligence Agency) 曾探讨过用暗能量研发超光速引擎的可能性。

宇宙的维度

宇宙的维度和我们熟知的世界的维度可能不同

宇宙中存在很多像暗物质和暗能量这样的东西，我们还无法进一步解释它们。为什么我们很难解开宇宙的全部奥秘呢？有观点认为这是因为**"宇宙中可能隐藏着我们看不见的维度（Dimension）"**。

在物理学上，如果我们尝试用一个坐标系去描述时空，那么维度指的就是这个坐标系中"代表时间、空间独立延展的坐标轴的数量"。我们所能看见的世界是三维的。三维世界由横轴（第一维）、纵轴（第二维）及竖轴（第三维）所在的平面构成，人与物体都在这个立体的世界中移动。

而在我们居住的世界中，实际发生的所有事情都要以**四维**来表现，也就是说在这个三维立体世界的基础上，还要**添加上时间这一维度**。举个例子，当我们和朋友在出游前确认集合地点时，我们不会只说"在车站前集合吧"（即地球上的三维位置信息），而是会说"3 点在车站前集合吧"。在这种情况下，时间和地点都很重要，都需要体现在信息之中。

还有人认为，我们所在的**宇宙存在四个以上的维度，甚至还有人主张宇宙有十个或十一个维度**。这些更多的维度只出现在微观世界中，因此我们无法感知到它们的存在。

希格斯玻色子（Higgs boson）的发现让彼得·希格斯（Peter Higgs）获得了 2013 年的诺贝尔物理学奖。我们如果研究一下它的性质，也许可以获得有关微观世界中的维度的线索。

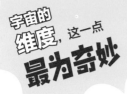

宇宙的 **维度**，这一点 **最为奇妙**

微观宇宙的结构也许类似于"弦"或者"膜"？

为什么我们认为微观世界的维度数量会增加呢？在科学实验中，假如把组成生物体的粒子单独拿出来，并从微观角度来观察，这些粒子就会展现出和我们的常识性认知所不同的性质。而科学家们认为，这可能正是因为在微观世界中潜藏着我们平时感知不到的维度。

如果维度的数量增加了，世界会变成什么样子呢？说实话，现在的我们完全无法想象。**有学者认为多维世界中粒子的形状接近于"弦"，也有学者认为它们更像是保鲜膜一般的薄薄的"膜"。**

有关多维度的研究现在才刚刚开始，**我们如果可以突破对维度的现有认知，也许就可以解开更多的宇宙谜团。**

宇宙中星星们的 "体重"

越重的星星，一生越轰轰烈烈；越轻的星星，一生越平平淡淡！

宇宙中的星星其实不止一种。首先有像太阳一样燃烧的**恒星**，其次有像地球一样绕着恒星旋转的**行星**，再有就是绕着行星旋转的**卫星**。在这些星星中，恒星是领队，行星是辅助，而卫星则像是它们的下属。在这里，我想重点讲解恒星。在夜空闪烁的群星中，绝大多数都是恒星。恒星的一生波澜壮阔，**从出生到死亡都逃不掉不断燃烧自己的宿命。**

到底是"轰轰烈烈地爆炸"，还是"平平淡淡地长生"？所有恒星的命运在它们出生时都已按照"体重"安排好了。例如，**猎户座的参宿四**是一颗质量大约为太阳的 20 倍的巨大恒星——红超巨星。质量较大的恒星内部温度也较高，其中

参宿四大概在图中猎人的腋下处。

46

心部位的燃料会在核聚变中全部燃尽（也就是说，恒星内部的氢元素经过核聚变都转化为铁元素后，恒星就会迎来死亡）。在燃料燃尽后，这颗巨大的星星就再也无法支撑自身的体重，会以**超新星爆发**这种恒星大爆炸的方式走完自己的一生。在超新星爆发后，这些巨大的恒星可能会变成黑洞或密度极高的中子星。总之，它们的一生轰轰烈烈。

那些质量和太阳相近的恒星则会在衰老后一边燃烧一边膨胀，变成**红巨星**。当其内部的氢元素都转化为碳元素后，核聚变反应就会停止。在恒星外侧的气体向周围逸散的同时，恒星的中心部位会冷却凝固，最终变成恒星的残骸——**白矮星**。

那些质量不足太阳一半的小型恒星，由于中心部位燃料的燃烧速度非常缓慢，所以其寿命甚至会远远超过现在的宇宙的年龄。

恒星的颜色由温度决定。蓝色的恒星温度最高，之后按照白色、黄色、橙色、红色的顺序递减。

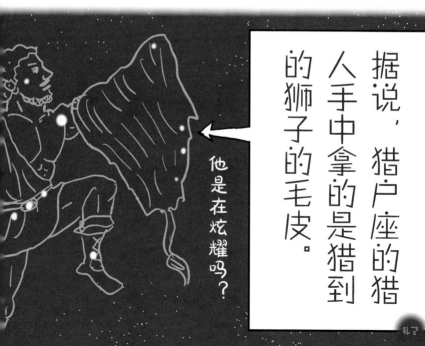

据说，猎户座的猎人手中拿的是猎到的狮子的毛皮。

他是在炫耀吗？

宇宙中星星们的"体重"，这一点最为奇妙

如果太阳的质量变为现在的2倍，人类就不会诞生了

恒星们的寿命在它们诞生的那一瞬间就已经被决定了。具体来讲，恒星们的寿命是由其诞生时的质量决定的。"质量越大，寿命越短；质量越小，寿命越长"，这就是决定恒星寿命的法则。

质量较大的恒星中心部位温度较高，那里的燃料燃烧得也更凶猛，所以恒星内部的燃料很快就会耗尽，恒星本身也会很快走向死亡，前面提到的猎户座参宿四就是一个例子。可以说，**猎户座参宿四已处于油尽灯枯的状态了，无论什么时候发生爆炸都不足为奇**（也许它已经爆炸了，只不过爆炸时的光还没有到达地球）。我们推测这类非常明亮的恒星的寿命在1000万

小个子↓

我老家的曾祖父都100多岁了，现在身体还很硬朗呢。

年左右；**质量与太阳相近的恒星的寿命在 100 亿年左右**；质量更小的恒星的燃烧速度更加缓慢，所以其寿命大约为 1000 亿年到 10 万亿年，可以说是非常长寿了！也许到了宇宙灭亡的那一天，这些小恒星的寿命都还没有终结。

太阳目前有 46 亿岁，**如果它的质量变为现在的 2 倍，那么它的寿命就会是 10 亿年左右**。如此，人类就不会诞生。因为**早在人类诞生之前，太阳的燃料就应该耗尽了**。这样一想，还真有点毛骨悚然。我们人类能够诞生，并且至今仍生活在这个世界上，真可以说得上是概率极低的奇迹。

猎户座参宿四的亮度大概是太阳的 10 万倍。此外，它也是"冬季大三角"（天狼星、南河三、参宿四）的组成星之一。

宇宙中恒星的
死亡

当一颗恒星死亡后，它的碎片会变成新星的组成材料

在星系中，不断会有新的恒星诞生，那么这些新的恒星又是由什么组成的呢？

答案就是：**其他恒星爆炸后七零八落的碎片。**

当恒星死亡时，它的身体会化作气体和碎片，散落在宇宙之中。 宇宙乍一看似乎什么都没有，但是在星与星之间，轻轻飘浮着一种由气体和尘埃组成的云朵，这就是**星际云**。如果发生了**超新星爆发**等恒星大爆炸，宇宙就会受到强烈的冲击，构成星际云的气体也会因此聚拢在一起，在引力的挤压下向外逸散。

其中，在引力最强的地方，气体会被进一步

像我们这样渺小的生物，体内的元素其实也和宇宙是一样的呢！

压缩，诞生出被称为"恒星宝宝"的**原恒星**。

原恒星用自身的引力，继续吸引着宇宙中的各种物体向自己靠近，并不断变大。当体内的燃料积累到一定程度时，原恒星的内部就会发生核聚变反应，并散发出光芒。此时，"恒星宝宝"终于成长为一颗成熟的恒星了，它将会逐渐拥有自己的行星和卫星。

也就是说，在恒星死后，包裹在它周围的物质又会变成其他恒星的组成材料，再后来就会变成第二代新的恒星。地球自然界中存在食物链，宇宙中也存在相似的"链条"。

质量较大的恒星温度较高，会发出蓝白色的光芒，内部燃料也会很快燃尽。猎户座的参宿七、大犬座的天狼星，都散发着蓝白色的光芒，是年轻的大质量星星哟！

宇宙中恒星的死亡，这一点最为奇妙

平安时代的人曾亲眼看过恒星大爆炸！

喜欢研究星星的人，一定会盼望着亲眼见证一次恒星大爆炸。如果**超新星爆发**能够发生在距离地球很近的地方，那景象一定会非常壮观。

在我们所居住的银河系中，超新星爆发大约100年才会发生一次。回顾历史，我们也会发现，的确有目击者见证过超新星爆发。

藤原定家生活于日本平安时代末期至镰仓时代初期，是一位贵族。他的日记《**明月记**》明确记载：**1054年，日本的每个人都看到过超新星爆发**。

不过，因为藤原定家并不是生活在那时的人，所以整个事情的始末，他都是从观星者那里听来的。根据藤原定家的记录，"**大约在1054年5月，一颗**

平安时代天喜二年（公元1054年）四月中旬后的丑时，客星出现在觜宿和参宿之间。

客星（不常见的星星）突然出现在了猎户座的东方，而且有木星那么亮"。

而且除日本外，中国、阿拉伯也有文献记录表明："我们见过那颗星星！"在那个时代，人们还没有发明望远镜，但是那颗星星，即使在白天也十分耀眼，而且它的光亮持续了20天以上。不仅如此，直到现在，人们还能观测到平安时代恒星爆炸的余波——蟹状星云。

对于我们来说，距离最近的一次超新星爆发，也许就是**猎户座参宿四的超新星爆发**了。而且，猎户座参宿四的爆发还有可能和SN 1054一样，即使在白天人们也能看见它的光芒，并且这种光芒也会持续半个月左右。

现在的科学研究显示，这次爆炸就是距离地球7000光年的SN 1054（别名：天关客星）大爆炸。

太阳系与银河系

我们所在的太阳系，位于一个叫作**银河系**的星系之中。在银河系中，像太阳一样能发光的恒星，至少有 2000 亿颗。

那么宇宙中又有多少个星系呢？宇宙中的星系至少也有 2000 亿个！所以在宇宙中，能像太阳一样发光的星星，真是数不胜数呢！

话题再回到银河系，**银河系的直径大约有 10 万光年，也就是光在 10 万年的时间里所移动的距离。**

星系的形状各有不同，但是其中有一大半都是圆盘形的，就像一个薄薄的铜锣烧。

银河系属于圆盘形星系中的棒旋星系。银河系中心有一个像棒子一样的东西，还有像手臂形

太阳系以 240 千米／秒的速度绕银河系一圈，要花上 2 亿年的时间

银河系也太大了吧。

银河系中心的黑洞

54

状的物质从中间伸出来。

　　我们可能会以为太阳静止在太阳系的中心，但是实际上，**太阳系整体正以大约 240 千米 / 秒的惊人速度在银河系中移动**，也就是**每秒能移动 240 千米**，这个速度对于人类而言，就相当于**只花 1 秒钟就能从日本的东京到达长野**。不过，太阳系即使以这样超快的速度运动，想要绕银河系一圈，也要花上约 2 亿年的时间。

　　在正常情况下，我们是感觉不到太阳系在高速移动的。但是也有假说认为，如果太阳系到达了更靠近银河系中心旋涡的位置，地球上的阴天就会增加，整个地球的温度也会变低。但是这个学说的正误，目前仍然难以定论。

除了银河系这样的圆盘形星系外，还有像 M87 星系那样的椭圆形星系哟。

太阳系位于银河系的什么位置呢？**太阳系位于距离银河系中心大约 2.5 万光年的**一个稍微有些偏僻的地方。

越是往银河系的中心走，我们就会发现越多的恒星，单位空间内星球的数量也越来越多。如果说，银河系的中心部位是银河系中的"城市地区"，那么太阳系所在的位置就是银河系中的**"乡村地区"**了。它们之间的星球密度差别，就像东京和北海道之间的人口密度差别一样。

太阳系只是银河系中的一个"小村庄"。这一点对地球人来说，是一件非常幸运的事情。

在星球密布的区域，**超新星爆发就更有可能发生在某个星球的附近**。如果距离地球很近的星球发生了

太阳系因为「住」在银河系的「乡村地区」，所以才能避开由其他星球爆炸造成的影响

这是我们星球上的乡村。

爆炸，那么地球一定也会受到牵连。

虽然能在白天看到明亮的星星，的确是一件令人愉快的事情，但是与此同时，大量**危险的宇宙射线**也会避无可避地**直接照射到地球上**。这些射线会**对地球生物产生许多不好的影响**。到那时，地球上的生活可能就不会像现在这样平静了。

而且，在银河系的中心，像太阳那样的恒星有很多。如果这些恒星在移动时途经太阳系的话，**太阳系中的行星就可能会受到其他恒星引力的影响，出现轨道混乱的情况**，那么地球的环境可能也就**不会是现在这样的了**。越想就越觉得地球人真的太幸运了。

在希腊神话中，因为女神赫拉打翻了装着母乳的瓶子，所以天空中才出现了银河系。因此，在欧美地区，银河系被叫作"Milky Way（乳之路）"。

星系的合体

银河系将在不久之后与仙女星系合体

说到雄伟壮观的星系，可能还是有很多人会认为：这和我又有什么关系呢？

实际上，我们所居住的银河系，将很快迎来一个转变期——**与它旁边的仙女星系（Andromeda Galaxy）融合**！

在宇宙中，经常会出现不同的星系相互冲击或融合的情况。虽然银河系不在星系密布的地方，但是也属于"星系团"中的一员。

在宇宙的**星系团**中，有几千个星系聚集在一起（**超星系团**比星系团更大，**由多个星系团复合而成**）。如果是在星系密集的地方，那么不同星系之间发生冲击的可能性自然就更高。所以在星

有一个星座叫作英仙座（Perseus，音译：珀尔修斯），而安德罗墨达就是珀尔修斯的妻子哟。

嗯——

系团中，有的星系之所以会像九连环一样互相纠缠在一起，形成一种不可思议的形状，很可能就是星系间的冲击和融合造成的。

仙女星系距离银河系大约 250 万光年，和银河系一样，它也是棒旋星系。虽然目前的仙女星系和银河系之间距离很远，但是仙女星系正以 **40 万千米 / 小时的速度**向银河系靠近。科学家们预计，**在 40 亿 ~50 亿年之后，这两个星系就会融合**。"40 亿 ~50 亿年后"虽然离我们很远，但是我们的子孙后代，很可能会亲身经历这一历史性的时刻。

安德罗墨达是希腊神话中的人物姓名。
当她即将变成怪物的祭品之时，被大英雄珀尔修斯所拯救。

安德罗墨达（Andromeda）是一位女神的名字。在 40 多亿年前，这位女神……

星系的合体，这一点最为奇妙

40亿年后，地球的星空将异常美丽

在40亿~50亿年后的遥远未来，银河系将与仙女星系合体。到那时，如果地球和人类后代依然存在的话，那么人们将会经历些什么呢？

我个人认为，**当银河系与仙女星系融合后，太阳系的位置会有一点偏移**。但是实话实说，这两个星系即使合体，对人类也几乎不会产生什么影响。

恒星数量的增加的确会提高恒星间互相冲击的可能性，但是**像太阳那样大小的恒星，也只不过是庞大星系中的一个小点，与其他星球发生碰撞的概率是非常小的**。

在仙女星系和银河系融合后，我能想到的最大的

变化就是：**地球上的星空会变得异常美丽。仙女星系的直径大约为22万光年，大约是银河系的2倍**。而且在仙女星系中，**像太阳那么大的恒星，也比银河系要多**。如果银河系能与仙女星系合体，那时夜空中的星星数量也会成倍增加，肉眼可见的星星数量也会更多，人们可能将感觉到夜空变得更加明亮。

　　此外，星星会比现在离人们更近，所以天文爱好者也会变得更多。不过，遗憾的是，虽然那时的星空会比现在的美丽很多倍，但是生活在现在的我们是看不到了。

视野开阔、空气清洁、晴朗少云、光污染少的地方更适合观测星空。

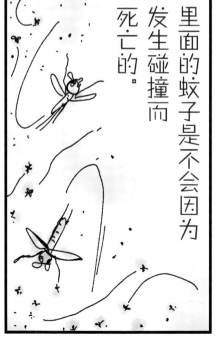

里面的蚊子是不会因为发生碰撞而死亡的。

星系的融合就好比这两个蚊子群的合体。

　　我想很多人都认为世界上只有一个宇宙，但是有没有可能，我们所在的宇宙"只是众多宇宙中的一个"呢？这就是"多重宇宙论"（Multiverse）的观点。那么，为什么会产生这种理论呢？因为，对人类而言，这个宇宙的条件实在是过于适合生存了。

　　在第一章中我们介绍过，如果暗物质的量、引力的大小、元素的多少不是现在这样的话，人类就不会诞生。那么，这么多的要素，为什么能如此和谐地共同发挥作用呢？

　　为了回答这个问题，科学家会先去研究清楚"人类为什么会诞生在这个各方面都很好的宇宙中"。多重宇宙论应运而生：在无数个有着微妙差异的宇宙中，偏偏就有一个宇宙恰好适合繁衍生命，所以人类就在这个宇宙中诞生了。如果这个理论是真的，那么其他的宇宙又在哪里呢？那里又是什么样的景象呢？这些问题的答案，我们都无从得知。

我们所在的宇宙
也许只是
众多宇宙中的
一个？

比"偶然"更"偶然"的

第二章

地球

对地球人来说，太阳系实在是『合适得不可思议』

　　对于现代天文学家来说，宇宙中最大的未解之谜就是：

　　为什么现在的宇宙和太阳系环境，对地球人来说都"合适得不可思议"呢？

　　如果地球的位置和性质，和现在稍稍有点不同，那么人类大概也就不会出现了。

　　我们人类的存在，到底有多幸运，又有多神奇呢？

　　当你阅读完这一章后，一定会感到惊讶的。

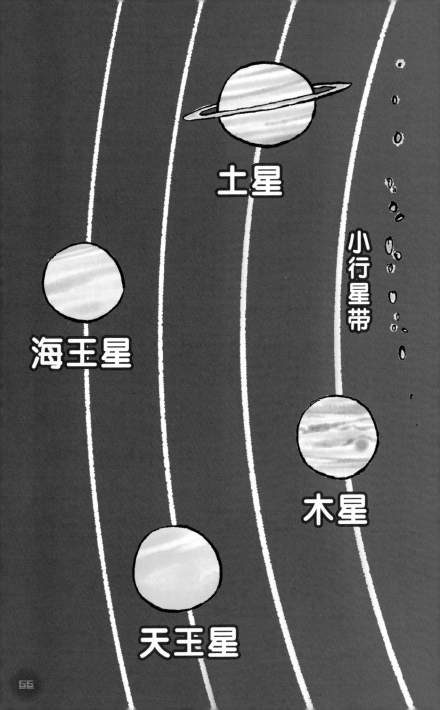

土星

小行星带

海王星

木星

天王星

太阳系中的天体

水金地火木土天海

在无限大的宇宙中，有一个星系叫作银河系。

在银河系中又有一个太阳系。

而我们人类所居住的地球，

就是太阳系中的一颗行星。

那么，除了地球，太阳系中还有哪些行星呢?

太阳

地球

水星

金星

火星

地球上的生物进化年表

从原核生物到人类

原核生物
（细菌）

细胞内没有明显的核膜，是一种DNA结构裸露在细胞中的生物

细胞内部有核膜包裹着DNA结构的生物

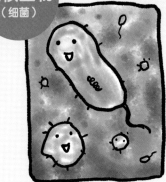

细胞核

真核生物

40 亿年前　　　30 亿年前　　　20 亿年前

光合微生物

利用光能生存的微生物

多细胞生物

由众多细胞聚集而成的生物体

地球诞生在距今46亿年前。
在这46亿年的历史中，
我们人类，只不过是最近才出现的生物。
那么，在人类诞生之前，
地球上都有些什么样的生物呢？

生物种类出现了爆发式增长，很多现在可见的动物种群都出现在这一时期

在恐龙灭绝之后，哺乳动物开始在地球上蓬勃繁衍

寒武纪
生命大爆发

哺乳动物的
繁盛期

现代人

~10亿年前　5亿年前　　　2亿年前　　6600
万年前　　700
万年前

恐龙从繁盛
走向灭绝

猿进化
成人类

恐龙生活在距今2亿3500万年~
6600万年前

我们的祖先出现了，它们用双足
行走，大脑比猿类的更大

太阳系的 行星

太阳系中的所有行星，公转方向都是一样的

地球沿着自己的轨道绕太阳转动的运动被称为**公转**，地球绕太阳公转一周需要大约为 365 天。在本节中，我想重点介绍的就是行星的公转方向。

实际上，太阳系中的所有行星都绕着太阳公转，而且它们**公转的方向都是一样的。如果在北极（北极星所在方向）观测星空，我们就会发现：太阳系中所有行星都是"逆时针"（从右向左）旋转的。**如果在南极观测星空，我们就会看到行星变成了"顺时针"旋转，也就是从左向右转。其实无论是顺时针还是逆时针，都只是因为我们的观测地点不同而已。

太阳系行星的公转方向之所以相同，与太阳的诞生密切相关。太阳诞生于 46 亿年前，当它还是一个宝宝的时候，它的周围就包裹着一层很厚的圆盘形气体云。在这个气体云的任何地方，气体都朝着同一个方向旋转。

在气体云中，尘埃与微行星（行星的初始状态）紧紧附着、不断成长，最终变成了像地球这样的行星。很久之后，太阳周围的圆盘形气体云消失了。我们现在看到的这些**太阳系行星，就是气体云在消失前留下来的"痕迹"。这些行星和 46 亿年前一样，依然围绕着太阳，按照相同的方向公转。**

现存最早的日晷制作于公元前 1500 年左右的埃及。
不过，有学说认为，古巴比伦才是日晷的发源地。

太阳系行星的转动方向，这也太凑巧了吧

因为人类文明主要集中在北半球，所以顺时针旋转就是『从左向右』转！

我们依据钟表指针的转动方向，把从左向右转动称为顺时针方向。钟表的指针之所以是向右转动的，很大程度上是因为**人类文明主要都集中在北半球**。

日晷最初是竖在地面上的一根棍子，人们通过观察棍子在地面上的投影的移动来测算时间。我们现在使用的钟表，就是由日晷发展而来的。**在北半球，按"上北、下南、左西、右东"来看，太阳从东方（右面）升起，经过南方的天空，最终在西方（左面）落下，而日晷的影子，是从左向右移动的。**所以，钟表指针的转动方向，也根据这一现象，设计成了从左向右。

在南半球，太阳从东面（左面）升起，在西方（右面）落下，中途会经过北方的天空，正好和北半球是相反的。如果南半球的文明发展到了更高的程度，那么钟表指针的转动方向就可能会变为从右向左了。

真的假的！

也有人根据行星的公转轨道和自转原理，认为『人类更适应逆时针旋转的东西』，甚至还卖过指针逆时针转动的钟表等物品。

学识渊博的狗狗

地球的 自转

地球上的一天有 24 小时,这纯属偶然

地球绕着太阳公转一周大约要花上 365 天。不过,与此同时地球自身也在不断转动,转一圈大约需要 24 小时。地球自身的转动叫作**自转,行星的自转方向和周期各有不同。**

举个例子,木星自转一周只需要大约 10 个小时,但是同为太阳系行星的金星,自转一周竟然需要 243 天。而且,金星的自转方向和其他行星的都相反,是从右向左转的。就像动画片《天才傻瓜》的主题曲唱的那样,在金星上,"西升的太阳,东边落"。

一天有 24 小时,这对地球人来说是理所当然的事情。但是对于广阔的宇宙,情况就不一样了。结合公转情况来看,金星上的一天大概相当

按照地球时间还钱啊,你这个家伙!

金星的一天 = 2802 个小时

于地球上的 117 天（2802 个小时）。而在现阶段，一个地球日是 24 个小时。也就是说，如果换一颗星球，那么一天的时间就会完全不同了。为什么同样是自转一周，不同行星所用的时间却不同呢？

这就又得从 46 亿年前开始说起了。地球等行星是尘埃或微行星与原行星（也就是"行星宝宝"）撞击而形成的，行星旋转的动力正是源于这种撞击。不一样的撞击相互作用，共同决定了现如今行星各自的自转周期和速度。

如果撞击更剧烈的话，地球的自转速度就会加快，一天很可能只会有几个小时；如果撞击弱一些的话，一个地球日有可能会是几百个小时。当然了，如果地球的自转方向和现在的是相反的，那么地球上太阳的起落，可能就会和金星一样是西升东落了。

古希腊天文学家喜帕恰斯（Hipparcos）提出把一天均分为 24 个小时。他还指明了天空中的 49 个星座。

金星人

你借给我的钱，我明天还给你哦——金星时间的明天。

潮汐力有可能让地球的一天达到 30 小时以上？

目前地球自转一周需要 24 小时，但是在很久很久以前，就在地球刚刚诞生的时候，它的**自转速度要比现在更快**，所以那时的一天也比现在更短。

是谁让地球自转越来越慢的呢？是**月球**。在这里，我希望你务必记住一个词——**潮汐力**。由于地球上的不同地点离月球的距离有微小的差异，所以地球上不同地点受到的月球的引力都是不同的，潮汐力正源于此。在这个力的作用下，海面受到月球的吸引而产生起伏，出现了涨潮和退潮的现象。而且，在潮汐力的作用下，海水和海底会产生摩擦，地球的自转速度也就渐渐慢下来了。

地球的自转速度正是在潮汐力的影响下才越来越慢的。**可能在几亿年后，地球上的一天就会变成 30 小时左右。**

"如果一天的时间变长了，那么睡觉、玩耍的时间不就一起变长了吗？这太棒了！" 我想有人可能就是这样想的。**不过非常遗憾，即使地球的自转周期变长了，它围绕太阳的公转周期却没有发生变化。**

假如地球上的**一天变成 30 小时**，那么**一年就会缩短到 292 天**。这样一来，暑假就会变短，学校每天的上课时间就会变长！

从宇宙发展的角度来说，地球上的一天是 24 小时，一年有 365 天，这些都纯属巧合，而且这些巧合还是很多个巧合叠加而来的结果。

天文学家尼尔·F.康明斯（Neil F. Comins）认为，如果没有月球的话，地球的自转速度会更快，一天可能会变成 8 个小时。

地球的引力与生物的身体

人的体重取决于所在的星球！

我想每个人都非常在意自己的体重。如果在地球以外的星球上称体重，我们就会发现，明明自己并没有变胖或变瘦，但是称出来的数值完全不同。为什么会出现这样的情况呢？

这个现象的原因就在于**引力**，任何物体都有引力。质量越大的物体，产生的引力也越大。例如，在太阳系中，**太阳自身的质量就占据了整个太阳系总质量的 99%**。在这样一个质量极大的天体上面，**我们受到的引力就会变为在地球上的 30 倍**。假如一个人在地球上的**体重是 50 千克**，那么在太阳上他的体重就变为 50 千克的 30 倍，也就是 **1500 千克**！这时由于身体受到的引力非常大，人类仅凭自己的肌肉，是完全无法行走的，而且还会立刻被压扁。

如果是在一个比地球质量更小的星球，又会发生什么事情呢？假如还是这个 **50 千克**的人，如果他在质量**只有地球 1/6 大小的月球**上，那么他的体重就会变为 **8 千克左右**。如果他在月球上奋力一跃，那么他跳起来的高度也会比平常在地球上跳的高出 6 倍。当超人是一种什么样的感觉？相信此时他一定深有体会。

人类如果在失重环境下，身体就没有对抗引力的必要了，所以骨骼和肌肉就会越来越脆弱。

地球的引力与人类体形的联系, 这也**太凑巧了吧**

如果地球的引力比现在更大,那么可以肯定的一点是,**人类的体形一定不会是现在这个样子**。人类现在的体形,是为了对抗现在的地球的引力进化而来的。

如果地球质量变大、引力变强,那么人类现在的体形根本承受不了地球的引力。在这样的地球上,即使有生命,其体形也很可能会向**敦实的身材**进化。

反之,如果地球质量和引力都变小了,那么地球生物的体形大概就会向着**纤细、瘦长**的方向发展。星球的引力对生物的进化有着巨大的影响。

如果地球质量更大一点儿,地球上的生物就会更矮、更强壮?

纤细瘦长

敦实的大块头

地球自转轴的 倾斜 角度

地球的自转轴倾斜了 23.44 度

我想先和大家详细聊聊**地球的自转**。地球不是随便转的，在地球的**南北极之间连着一条看不见的线**，地球就是以这条线为轴，进行有规律的自转，这条线就是地球自转轴。以公转平面为基准，地球自转轴的倾斜角度是 **23.44 度**。

关于地球为什么会倾斜的答案，学界众说纷纭，其中可信度最高的说法是**原行星撞击论**。在地球刚刚形成，还处于原始状态的时候，有一颗像**火星那么大的原行星与地球相撞了，所以才形成了现在这个 23.44 度的倾斜角**。在太阳系的八大行星中，水星的自转轴几乎不发生倾斜，木星的自转轴倾斜角度也只是很小的个位数，它们的自转轴和公转轴始终是重叠的；火星和土星跟地球类似，自转轴大致倾斜 20 度；金星的自转轴的倾斜角度接近 180 度，自转与公转的方向完全相反；天王星的自转轴的倾斜角度接近 90 度，并且公转平面是几乎垂直于轨道所在平面的。我们认为，每一颗行星的自转轴的倾斜角度之所以有如此大的差异，与它们各自在形成初期所经历过的撞击有关。

在地球上看到的太阳在一年之中的移动路线，被称为"黄道"。沿着黄道排列的星座，也就是黄道十二星座啦。

地球自转轴的倾斜角度，这也太凑巧了吧

如果地球没有倾斜，也就不会有季节变化了

假如地球的自转轴没有倾斜23.44度，现在的地球又会是怎样的一番景象呢？我们首先能确定的就是**季节变化会消失**。

如果地球变得和水星、木星一样，自转轴与公转轴重叠，那么**太阳就会一直照射在赤道上，地球上也就不存在季节变化了**。

如果地球变得和天王星一样，自转轴的倾斜角度几乎是90度，那么地球上就会出现**太阳永不落山的夏天和只有黑夜的冬天**。这样一来，**地球的季节变化就会非常大**。

现在的地球，所有地方都能得到太阳的照射，人们也能**体会到四季交替的乐趣**，这都要归功于地球倾斜了**23.44度**。

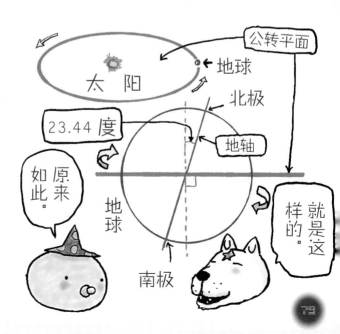

太阳和地球的 距离

1 月和 7 月的太阳，大小看起来是不同的！

隔热

预计它在 2025 年到达最接近太阳的位置。

速度真的比新干线列车的还要快呢！

上面才没有帕的标志呢。

　　因为在地球上生活的我们每天都能看见太阳，所以我们往往会产生一种"太阳离地球很近"的错觉。实际上，**太阳和地球之间**的距离相当远，**大约是 1.5 亿千米**，即使新干线列车一直按照 360 千米/小时最高时速运行，也要跑上大约 50 年呢！

　　大家都知道，地球绕着太阳公转。但是，地球的公转轨道并不是完美的圆形，而是椭圆形。所以太阳和地球的距离也是略有变化的。

　　太阳和地球的最远距离大约是 1.52 亿千米；最近距离约是 1.47 亿千米。因此，在一年中，日地距离的变化幅度可以达到大约 500 万千米。月球和地球的距离大约为 38 万千米，所以日地距离的变化幅度大约相当于 13 个地月距离。这样一来，想必很多人立刻就能感受到，500 万千米

这是在 2018 年发射升空的『帕克太阳探测器』。

到底是一个什么概念了吧?

在 **1月上旬**,也就是北半球处于冬季的时候,**太阳离地球最近**;在 **7月上旬**,**太阳离地球最远**。那么,1 月和 7 月的太阳,哪个看起来更大一些呢? 我们认为,在日地距离更近的 1 月时,太阳看起来要大一点儿。

"当太阳离地球更近的时候,地球的温度也会更高。"大家都是这样想的吧? 事实却和大家的想法正好相反,我想有些人可能会感到不可思议。**夏季,虽然太阳离地球较远,但是地球温度比较高;冬季,虽然太阳离地球较近,但是地球温度反而比较低。**这是因为相比于距离,地轴的倾斜角度对地球产生的影响更大。季节变化与日地距离无关,所以即使是在日地距离最近的 1 月,北半球依然会经历寒冷的冬季。

一年之中,太阳看起来最小的那天叫作夏至(6 月 21 日前后)。

人类的诞生，与地球和太阳之间的距离有关

在太阳系的行星中，确定有生命存在的星球，目前只有地球。**地球上为什么会有生命呢？**"1.5 亿千米"这个绝妙的日地距离就是原因之一。**如果地球离太阳再近一点儿，地球上的水就会因为温度过高而蒸发；如果地球离太阳再远一点儿，地球上的水就会因为温度过低而凝固成冰。**

液态水是生命诞生的必要物质。它可以汇聚成海洋，为溶解在其中的物质提供进行化学变化的环境，让生命的诞生成为可能。在没有液态水的星球中，存在生命的可能性是很低的。所以，从这一点来看，地球拥有大量的液态水，是非常适合孕育生命的。

可居住区域是指在这个区域内水既不凝固也不蒸发，

你都多大了，真是只傻狗！

是的呢。

是……

恰好能够保持液态，**适合生命诞生的地方**。关于如何界定可居住区域，学界有很多观点，但是我们认为和太阳相距大约 1.3 亿~2 亿千米的区域是最适合生命诞生的。太阳系中有很多行星，但是能被划入可居住区域的行星只有地球。

有人认为，如果条件放宽，那么火星也勉强在这个范围内，但是到目前为止，我们还没有发现火星上存在液态水的直接证据。所以，现在的观点是：火星上很难孕育出生命（但是，火星上确实有冰。所以，也有人认为，在火星地表之下，可能会发现液态水的踪迹）。

地球到太阳的距离大约是 1.5 亿千米，虽然这个距离是自然产生的，但是这个数字对人类来说却有着重大的意义。

1938 年，有一部关于火星人来袭的广播剧在美国非常流行，很多人都误以为这个剧是真实新闻，还为此恐慌呢。

行星的
地面

地球有地面，但是木星和土星却没有

毫无疑问，在地球上，无论是在山上还是在海底，我们都能够找到地面。但是在其他星球上，这就不一定了。

以太阳系中的行星为例，它们至少可以被分为三种类型。第一种是像地球和火星那样的岩质行星；第二种是像木星和土星那样，主要由氢气和氦气等气体组成的气态巨行星；第三种是像天王星和海王星一样，由气体和冰组成的行星——冰态巨行星。

在岩质行星中，行星的表面是坚固的地面，所以我们可以在这些行星的表面行走。但是在气态巨行星中，行星的表面是一层朦朦胧胧的气体，我们是不能在上面行走的。据推测，如果穿越这层气体，我们就会看见行星中心的物质，比如黏稠的液态金属。冰态巨行星基本上也没有地面（虽然这个名字会让人联想到像滑冰场那样的固体地表）。万一有一天地球真的发生了灾难，我们即使逃到了那些没有地面的行星，也不可能着陆，只能继续在宇宙中漂流。

土星是一颗密度非常小，质量非常轻的气态巨行星。如果把土星放进泳池，它就会浮起来。

↑ 部落

如果地球不是岩质行星的话，人类也不可能诞生

如果地球不是岩质行星的话，人类还会出现在这个星球上吗？

我们认为，如果地球也是气态巨行星的话，那么也就不会存在地面和海洋了，生命也就不可能诞生。冰态巨行星也没有地面，所以如果地球是冰态巨行星，那也不会有生命诞生。

那么，结论就是，**如果地球不是岩质行星的话，人类不可能诞生。**

这样一想，当大家的脚踩在坚实的地面上，一步一步稳稳地向前行走的时候，一定能感受到大地强烈的存在感，并且心里也会充满感激之情吧。

行星的**地面**，这也太凑巧了吧

地球和月球

月球是在地球和原行星的撞击中产生的？

月球是距离地球最近的天体，到了夜晚，它就会悬挂在夜空之中。但是关于月球的诞生，学界却有很多种说法。**分裂说**认为，当地球还处在高速旋转的时期时，**球体中的一部分与主体分裂，形成了月球**；**俘获说**认为，在太空中飘浮的**月球受到了地球的吸引，从而变成了地球的卫星**；**同源说**认为，**月球和地球是同时诞生的**，它们都出现在太阳系行星的形成时期。在众多假说中，公认最具说服力的学说就是**撞击成因说**。

根据撞击成因说的观点，**在 45 亿年前，地球和一颗像火星那么大的原行星发生了撞击**。在这场剧烈的撞击中，离地表很近的地幔（地壳之下的一个圈层）、岩浆等物质飞溅到了太空中。随着时间的流逝，这些物质聚集在一起，形成了一个近似于球形的物体，它在冷却后就变成了月球。通过对阿波罗计划中取回的月岩进行研究，我们发现其组成成分与地幔的组成成分十分相似。

在亚洲，有些国家的人们把月亮上的图案称作"兔子"。有些国家的人们依据不同的观察方法把月亮上的图案称作"螃蟹""小狗""女孩子侧脸"呢。

地球和**月球**，这也**太凑巧了吧**

在35亿年前，月球也有过大气

现在的月球上既没有大气也没有水，所以在月球上是没有生命的。但是最近有研究认为，**在35亿年前，月球曾有一层薄薄的大气。**

在过去，月球上的火山活动一度非常活跃，还有水蒸气等气体喷出，那时月球上的大气可能就是由这些水蒸气组成的。但是，月球上的火山活动在持续了大约7000万年后就停止了，所以月球才变成了现在这颗没有大气层的卫星。

非常遗憾的是，在35亿年前，地球上还没有人类，我们无法得知当时月球的样子。如果35亿年前地球上真的有人类存在，他们可以看到**被大气层包裹的月亮**的话，很**可能就会欣赏到与现在不同的景象**了。

啊！太难得了！云彩中居然有条缝，还能看见月亮！

太棒啦！

实际上，在那时，地球上的生物还是一种类似于细菌的东西呢。

想象中那时的生物

地球和氧气

在过去，地球上是没有氧气的

地球的周围有非常厚的空气层，我们称之为"大气层"。大气层的78%是氮气，21%是氧气。**在广阔的宇宙中，以单质（由同种元素组成的纯净物）形式存在的氧元素，也就只有这么多了。所以说，氧元素不仅稀有，还"超级"稀有。**氧元素具有迅速与氢、碳等元素结合的能力。例如，水就是氢元素与氧元素结合的产物，铁生锈也是因为铁元素与氧元素发生了化学反应。如果没有氧元素，这些物质和现象也就不会产生了。

如果没有氧气，现在地球上的一大半生物就无法生存。在过去，地球上确实是没有氧气的。**地球在刚刚诞生的时候，大气层中只有氮气和二氧化碳，几乎没有氧气。**那么，为什么在当时十分珍贵的氧气，到了现在却没那么稀有了呢？因为大约在30亿年前，地球上**出现了能够进行光合作用的生物**，它们可以先吸入二氧化碳再释放氧气。这些生物在诞生之后的漫长时间里，不断地进行光合作用，不断地生产氧气，地球上因此有了大量氧气。我们现在的生活中，植物就可以进行光合作用。

一个体重约50千克的人一天大约要吸入14400升空气，重量相当于100碗米饭。

如果地球不像现在这么大的话，大气层就会消失，我们的皮肤也会变得非常粗糙？

除了为地球储存氧气，大气层还有很多作用。

首先，大气层具有保温作用。如果没有大气层，地球的温度变化就会十分剧烈，**昼夜温差也会比之前更加明显**（比如在没有大气层的月球上，白天温度可达到 110 摄氏度，晚上则会降到 -170 摄氏度）。

其次，大气层还能阻挡有害的紫外线和宇宙射线。如果没有大气层，它们就会长驱直入，直接照射到我们的身上，**我们的皮肤将变得十分粗糙，并且癌症的发病率也会急剧上升**。

地球之所以能拥有大气层，离不开它的完美尺寸，以及恰到好处的引力。如果地球引力变小，氧气、氮气这些气体就会逃逸到太空中，生命也不会诞生了。想一想这个概率，我们地球人真是货真价实的幸运儿了。

地球和**氧气**，这也**太凑巧了吧**

地球和流星

流星是从彗星上『不小心落下来的东西』

都说看见流星就会有好运降临，但是大家知道**流星的本质**是什么吗？其实流星并不是一开始就闪闪发光、飞翔在宇宙中的。流星的本质是**小行星、彗星的碎屑和尘埃**，后两种物质通常来自哈雷彗星这类我们耳熟能详的彗星。

彗星是一块有点儿脏的"冰块"，在太阳系周围环绕移动，会定期靠近太阳。当彗星靠近太阳时，它开始融化，混在其中的碎屑和尘埃也会借此机会飘散到宇宙空间中。彗星也被叫作**扫帚星**，不过，与其说它是把宇宙打扫得干干净净的扫把，不如说它是被宇宙排出来的污物。**说得更直白一点儿，散落在宇宙里的彗星就像是被宇宙排出来的"便便"。**

彗星残留的碎屑和尘埃，直径小的只有 1 毫米，大的也不过几厘米。它们高速进入大气层后，就会与大气摩擦，从而燃烧，变成明亮闪光的流星。换句话说，**流星就是彗星"不小心落下来"的会燃烧发光的东西。**

在 1910 年，有流言称"哈雷彗星会放出毒气"。为了确保正常呼吸，有人开始自制防毒面罩。

90

当天空中下起流星雨的时候，地球就在宇宙的尘埃之中穿行

流星雨就是大量流星一起从夜空中划过的景象。

关于流星，我们已经在前面介绍过了，它是由彗星的碎屑和尘埃组成的。彗星绕太阳旋转的轨道十分狭长，偶尔还会和地球的公转轨道产生交叉。**当地球穿过彗星的轨道时，彗星残留的尘埃与碎片就会与地球的大气层发生摩擦，并且纷纷燃烧**，形成我们所看到的流星雨。

大家都希望能在有生之年看一次流星雨。现代科学的发展，使得我们可以计算出彗星轨道与地球轨道交叉的时间，并提前推算出流星雨的日期。所以，只要抓住时机，任何人都能看到流星雨。

尽管已经可以准确知晓流星雨的出现时间，也知道它既壮观又美丽，但是**我亲眼看到地球真的在宇宙尘埃间穿行时，内心还是会感叹**，此时的夜空真是美得不可思议啊。

地球和流星，这也太凑巧了吧

我喜欢的人也喜欢我……

我希望，明天的公交车上有很多空座位，喜欢的衣服有促销活动，月底升职加薪……

坠落到地球上的 陨石

大约 6600 万年前的恐龙的灭绝 就和陨石有关

几乎每天都会有流星向地球上掉落，其中一半以上都会在掉落途中燃尽并销声匿迹。但是，偶尔也会有一些彗星的碎片，在穿过大气层时没能燃尽，从而落到地球上，这就是**陨石**了。陨石十分罕见，却给地球的历史带来了巨大影响。

其中，发生在大约 **6600 万年前**墨西哥**尤卡坦半岛**的一次陨石坠落，就直接改变了地球的命运。那块**巨型陨石**的**直径足足有 10 千米**。当它撞击地球时，地面上的尘埃纷纷扬起，遮天蔽日。因此，地球的**温度开始急剧下降，后来连植物都枯萎了**。突然发生的环境变化，成了当时的地球霸主——恐龙灭绝的导火索。

每天都有蛋吃，美滋滋——

我很喜欢恐龙，所以当我得知竟是我们哺乳动物导致了恐龙灭绝的时候，真是惊讶得不得了！

"如果天上再掉下来一块这么大的陨石可怎么办呀？" 大家一定会不由自主地想到这个问题。不过，发生这种事情的概率是非常小的，大概在几千万年到 1 亿年，甚至更长的时间跨度里才会发生一次。所以在我们的有生之年，是不会有直径 10 千米级别的陨石坠落发生的……嗯，大概吧。

就算大型陨石接近地球，只要我们发现得早，应该就会有办法让它的运动轨道发生小小的偏移。如果发生了最坏的情况（也就是陨石撞击地球还引起了非常剧烈的气候变化），那么我们可能就需要在防空洞里待上几年了，但是人类应该也能继续繁衍生息。

巨型陨石的坠落导致了恐龙的灭绝。
不过也有观点认为，现在的鸟类就是从恐龙演化而来的。

之前读恐龙灭绝学说的时候，看到其中有个观点叫作物种斗争说。

恐龙反应迟钝，偷它们的蛋实在是太简单了！

坠落到地球上的**陨石**，这也**太凑巧了吧**

如果巨型陨石在另一个地点坠落，地球上就可能会发展出恐龙文明

宠物↓

恐龙之所以灭绝，和**巨型陨石**的坠落地点有很大关系。如果它在另一个地点坠落，也许地球的发展方向就会发生改变。

在这个陨石坠落区域的地层内，刚好有非常丰富的碳氢化合物（这类物质很容易被点燃），所以陨石的坠落引发了规模极大的爆炸。爆炸后产生的大量尘埃飘浮到了空中，还遮住了太阳的光芒，因此地球环境产生了剧烈的变化。有人认为，如果**陨石在另一个地点坠落，可能就不会引发恐龙灭绝这么严重的灾难了**……

如果陨石再晚来 10 分钟，可能就不会撞上地球了。也就是说，但凡陨石的运行轨道稍微发生偏移，恐龙时代的繁盛就可能会持续下去。果真如此的话，那么**进化出发达大脑的物种，很可能就不是人类而是**

恐龙了，所产生的文明就不是人类文明而是恐龙文明了。人类文明能够蓬勃发展，离不开陨石给地球带来的改变。

说到陨石，还有人会担心：**如果被陨石砸中会不会死**？实际上，**被陨石砸中的概率非常小**，基本上是不可能的，所以根本没必要担心。

比起被陨石砸中，还有一件更可怕的事情需要我们提防，那就是中等陨石的坠落。在 2019 年 7 月，有一颗直径大约为 130 米的小行星出现在了距离地球 7.2 万千米远的地方，离地球非常近，这在当时引发了不小的轰动（7.2 万千米甚至不足地月距离的 1/5）。

如果这颗陨石直接撞上了地球的城市，那么**像东京这种规模的大都市，可能就要消失了**，不过幸好它只是很接近地球，却并没有撞上来。

> 巨大陨石坠落时留下的痕迹叫作陨石坑，墨西哥尤卡坦半岛的"希克苏鲁伯陨石坑"就是巨大陨石撞击地球的遗迹，它的直径能达到 180 千米。

人类的历史和星象的移动

历史发展和星象的移动有关？

在宇宙中，天文现象的变化遵循物理学法则。如果可以准确计算出天文现象的变化规律，那么我们能在一定程度上推测出很久之前的夜空是一幅怎样的景象。

例如，传说天空中曾出现过一颗非常神秘的星星——"伯利恒之星"。在很长一段时间里，人们都认为"伯利恒之星"只是一个传说，但是仍有一部分人觉得它是真实存在过的，并坚持不懈地寻找证据来**确认它的存在**。意大利画家**乔托·迪·邦多纳（Giotto di Bondone）**提出了伯利恒之星**有可能是哈雷彗星**的观点；而天文学家**约翰内斯·开普勒（Johannes Kepler）**则认为它**可能是离地球较近的木星或土星**；还有人认为，伯利恒之星也**可能**是某颗**超新星**。

虽然我们现在还不知道伯利恒之星是否真的存在，但是如果有一天我们找到了它遗留下来的痕迹，确定了它的身份，如果我们还能破译出宇宙的运行密码，那么这个传说到底是不是真实的，说不定也能得到答案了。

日本的天岩户神话就是根据日食现象编撰出来的，人们曾尝试通过调查当时的日食情况来判断这个神话产生的确切时间。

人类的历史和星象的移动，这也太凑巧了吧

如果能还原当时的日食现象，就有可能解开历史之谜？

在日本，人们也一直尝试通过星象移动来探寻历史上发生过的事情。举个例子，**弥生时代（公元前 300~公元 250 年）邪马台国的所在地**是日本历史上最大的谜团之一。邪马台国到底是在日本的**九州**地区还是**近畿（jī）**地区？这个问题的答案，我们直到现在还不得而知。

有人猜测**邪马台国卑弥呼女王，正是因为没能正确预测日全食，才被赶下了王位。**天文学家们根据这个猜测，从天文学角度尝试探索邪马台国的地址，希望能解开邪马台国所在地之谜。

如果上述猜测成立，那么现在的天文学技术是可以推测出日全食的发生时间和地点的，我们完全有可能找到那场日全食发生的地点，从而推测出邪马台国的真正位置。

糟了，有什么东西一下子把太阳吞下去了！早知道这样，我就应该提前告诉人们的！

卑弥呼大人……

日心说

现在，没有人不知道地球是绕着太阳公转的。但是**在过去的一段时期内，"地球绕着太阳转"这种话是不可以随便说的**。在大约 500 年以前的欧洲，掌权者拥护**"地心说"——地球是宇宙的中心，太阳、月亮都围绕着地球转**。因此，地心说占据着天文学理论的主流地位。

但是随着科学的进步，人们逐渐发现，如果其他星球都围绕着地球转，那么在过去的天文历法中就会出现说不通、矛盾的地方。

对此，波兰天文学家**尼古拉·哥白尼（Nicolaus Copernicus）** 提出了**"日心**

在过去的一段时期内，"地球绕着太阳转"这种话是不能乱讲的

说"——不是太阳和行星绕着地球转，而是地球和行星围绕着太阳转。

哥白尼的著作《天体运行论》(De Revolutionibus Orbium Coelestium)阐述了"地球绕着太阳转"的日心说。

正常来讲，这是一个**大发现**，是一个十分值得传播的学说。但是，在当时特殊的社会环境里，它曾是一个不能说的秘密。由于哥白尼自己也服务于掌权者，因此这本书在哥白尼临终之际才被决定发行，实际出版时间也是在他去世之后。（在他死后，他的书甚至一度被列为禁书。）

希腊人阿利斯塔克（Aristarchus）生活在公元前 3 世纪，是一位著名的科学家，同时也是目前我们所知最早提出日心说的人。

伽利略为了科学甘愿失明，却被软禁终身

在哥白尼死后约 70 年，天文学家伽利略·伽利雷（Galileo Galilei）观测了金星的盈亏变化，并发现了木星的卫星，而后再次向社会提出了**"地球绕太阳转"的日心说观点**。

但是，伽利略的言论还是遭到了掌权者及地心说支持者们无情的嘲讽。再加上政治权力斗争等原因，伽利略还被告上了裁判所……

虽然伽利略是日心说的坚定拥护者，但是迫于压力，他还是在裁决时屈服了，违心地撤回了自己支持日心说的言论。尽管如此，他还是被软禁至死。

在伽利略年轻的时候，为了科学研究，**他总是用望**

远镜连续观察太阳黑子，最终导致了失明。作为一个证实了世纪性大发现的伟人，伽利略的晚年却非常凄凉。

直到 **1992 年**，裁判所终于承认当年的裁决是错误的，正式向伽利略道歉，并**恢复了他的**名誉。但是，此时**距离伽利略去世已经 350 年了**。

无论在什么时代，真理都可能不被当时的人们所认可。现在我们以为不可能的事情，也许只是因为科学还没达到相应的高度而无法被证实。也许在 100 年以后，所谓"不可能的事情"就会变成真理。

伽利略原本在比萨大学学医，但是在入学后，他逐渐萌发了对物理学和数学的兴趣，所以就中途退学了。

地球和太阳

太阳是一颗在宇宙中燃烧的恒星，并且非常明亮。不过，如果你认为太阳总是保持同样的亮度，那就大错特错了！太阳**大约每隔 11 年就会变亮或变暗**（但是亮度变化只有 0.1% 左右）。

太阳表面的黑色点点——**太阳黑子**就是太阳明暗变化的标志。

太阳表面的温度大约有 **6000 摄氏度**，在有黑子的地方，温度会降到 **4000~5500 摄氏度**。所以，太阳黑子所在的地方就是太阳温度较低的地方——这里看起来是黑色的。当太阳黑子较多的时候，太阳活动也更加活跃，太阳亮度也更亮。

太阳每隔 11 年就有一次明暗变化

不知道的话，就直接说不知道啊……

从 1610 年**伽利略**用望远镜观察太阳黑子以来，人们已经观测太阳黑子 400 多年了。但是，为什么太阳温度的变化周期是 11 年呢？科学家们直到现在仍在研究这个问题（这个问题在天文学家之间被称作**关于太阳的最早的谜团**）。

有一种说法认为：当金星、地球、木星这 3 颗行星连成一条直线的时候，在强大的潮汐力的作用下，太阳活动的活跃程度会发生变化。因为这 3 颗行星刚好每隔 11 年就会连成一条直线，所以很多人都认为这可能就是影响太阳活动周期的真正因素。

据说日本神话中的八咫乌的原型就是太阳黑子。

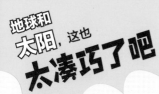

300年前的鼠疫和饥荒是由太阳活动的衰微引发的？

如果长时间记录太阳黑子的数量，就会发现在过去很长的一段时间里，太阳黑子的数量几乎为0。

1645年到1715年的**70年时间**，太阳黑子几乎全部消失。人们将这段时期称作蒙德极小期（Maunder Minimum）。由于太阳活动减弱，当时全球**平均温度下降了1摄氏度左右**。

当时的地球也处于与蒙德极小期相吻合的气候异常时期——**小冰河期**。在小冰河期，**欧洲大地鼠疫蔓延**，而**英国的泰晤士河也出现了冰冻**等异常气候现象。**日本当时正处在江户时代**，连续的大雨和冷夏导致了**严重的饥荒**，百姓也多有死亡。

但是，目前还没有证据能够证明，小冰河期和太

过去的日本也有粮食不足的年代呢。这种事情还会再发生吗……

文化十二年（1814年）

阳活动减弱之间有直接关系。有人认为，小冰河期与太阳无关，而是地球气候受到了火山爆发的影响；还有人认为，小冰河期可能是多种因素共同作用的结果，而太阳活动只是其中一种。

像这样的小冰河期还有可能再度来临。**有观点称，预计从 2030 年开始，太阳活动会再次进入极其衰微的时期。**

第二次小冰河期是否会到来？如果小冰河期来了，那么它会对地球温度产生多大的影响呢？关于这些问题，目前我们还很难回答。如果地球温度降低 1~2 摄氏度，的确有可能会对我们的生活产生轻微的影响。

蒙德极小期是由英国天文学家爱德华·沃尔特·蒙德（Edward Walter Maunder）发现的。在蒙德死后，该研究的价值被学界承认，才冠上了他的名字。

在科学还不发达的时代，星象变化对人们来说非常重要。通过观测星象的移动，人们得以确定时间、历法。

所以，曾经有机构专门负责"观察星星"。当时，这个机构非常重要。在其中主要负责占星，也就是观察星象变化的人，被称为占星师。

占星师在工作时会留下观星的记录。这些记录对现代天文学者来说，也是研究古代超新星爆发等课题的宝贵信息。

在当时，权贵们也会依据占星的结果进行决策（从现代视角来看，这真的很不可思议）。说不定那些认真观察星星的占星师，就是最初的天文学家呢。

在过去，
还有人
专门负责
"占星"

　　"好想亲自找到一颗陨石！"有这种野心的人，可以挑战一下南极陨石探查任务。因为到目前为止，全世界一共发现了大约5万~6万颗陨石，其中有一半以上都是在南极地区发现的。

　　为什么在南极地区发现的陨石格外多呢？其实这和"陨石更容易坠落在南极"无关，而是在南极更容易发现陨石。南极的陨石有两个特点：一是容易发现，二是有很多陨石长期处于冰封的状态，并且保存状态完好——因为冰雪可以有效延缓陨石的风化和污染。

　　假如真的有一颗陨石落在日常生活的地方，我想很多人都会觉得"这不过就是一块普通的石头"，然后就从它身旁走过了。可是在南极，能见到的只有冰和雪。这时，如果有一块石头嵌在冰上，除非它是从别的地方被带过来的，否则它几乎百分之百就是一颗从天上掉下来的陨石。

　　日本国立极地研究所会定期组织南极陨石探查活动。通过这个活动，我们现在已经发现了将近17000块陨石。那些想要寻找宇宙的遗落物品——陨石的同学们，欢迎你们到南极来！

世界上
发现陨石最多的
地方是南极！

如果木星的质量变为现在的80倍，就会变成自动发光的恒星？

木星是太阳系中质量最大的行星，质量大约是太阳的 1/1000。木星的组成成分和太阳的相似（氢元素、氦元素等），是一个巨大的气团。

如果木星继续变大、变重，质量变为现在的 80 倍，那么它中心的温度也会跟着升高，进而产生核聚变。这样一来，木星也就可以像太阳一样熊熊燃烧，脱离行星的身份，成为一颗能够自己发光的恒星了。

但是尽管如此，木星的发光强度大约也只有太阳的 1/10000 左右。也就是说，即使木星真的变成恒星了，地球的温度基本上也不会发生什么变化。

天王星是一颗下着钻石雨，还有一股屁味的奇怪星球？

天王星是太阳系八大行星中距离太阳第二远的行星，也是一颗特征非常明显的行星。

在高气压的作用下，天王星大气中的甲烷会变成钻石，像雨一样落到天王星的表面。但是，这些所谓的"钻石"，并不是那种闪闪发光的大颗钻石。我们认为天王星上的这些钻石尺寸非常小，甚至用肉眼根本看不见。

不过，在天王星的内部可能堆积着大量从天而降的钻石，如果你有幸去一次天王星，也许真的就会实现一攫千金的梦想呢！只是……天王星也是一颗"特别臭的行星"。因为天王星大气中含有硫化氢的成分，所以你在天王星上可能会闻到一股屁味。

难以置信的

第三章

黑洞不是『洞』！

人们终于拍摄到了黑洞！

这是人类第一次亲眼"看到"这种天体。但是关于黑洞，我们还有很多很多不知道的东西。

例如，很多人都觉得黑洞是一个"洞"。但是，黑洞其实并不是"洞"！

黑洞是一种真实存在的球形天体，只不过它不像地球那样有坚硬的地表……

说到这里，大家可能都有点儿糊涂了吧。那么就让我们一起去探索这种颠覆人类常识，令人直呼"太不可思议"的神秘天体——黑洞吧！

  2019 年 4 月，人类首次成功拍摄到了位于 M87 星系中心的巨大黑洞。

  虽然在很久之前，人们就认为黑洞是"真实存在"的。但是这次拍摄的成功，意味着我们终于证实了这个猜想。

  这个看起来像甜甜圈一样的黑洞，实际上是个超乎所有人想象的"不得了的家伙"。

  就让我们继续阅读，领略它的神奇吧！

人类有史以来第一次成功拍摄到了『巨大黑洞』！

黑洞的引力

黑洞能吸入任何物质，因为它有强大的引力！

黑洞是宇宙中最强的天体。

黑洞有巨大的破坏力，无论多大的天体，都不是它的对手——它可以毫不费力地把比自身还大的星球吸进去。为什么黑洞这么厉害呢？

答案就在于**引力**！引力，简单来说就是物体间相互吸引的力量。天体的质量越大，引力就越大。

当我们在路上行走时，身体之所以没有飘浮在半空，就是因为地球的引力吸引住了我们的身体。

黑洞的引力大到无法想象，所以无论是巨大的星球还是其他的物质，全都无法抵抗它的吸引。

黑洞是宇宙中引力最强的天体。**即使是宇宙中速度最快的光**（每秒可以移动大约 30 万千米），**一旦被黑洞捉住，也会坠入其中，无法逃脱**。

据说，"黑洞"（Black Hole）一词是美国记者安·尤因（Ann Ewing）在一本科学杂志中第一次提出来的哦。

黑洞的引力，这也太不可思议了吧

任何人，一旦进入黑洞，就再也出不来了……

任何物质一旦进入黑洞，就再也出不来了。

黑洞的外围有一条边界，这条边界就好比一堵可以"单向通行的门"：任何物质一旦穿过边界进入其中，就再也不能返回了。这条边界有一个超酷的名字——视界线（Event Horizon）。

也就是说，就算有人成功进入了黑洞，获得了黑洞内部的资料，也没办法将资料传回外界。

黑洞中也许正在发生着超乎我们想象的事情，也许它真的连接着另一个宇宙。但是，只要我们还在外面，就绝对不可能知道里面到底发生了什么。

出不去

出不去……

光

黑洞的 吸引力

人被吸入黑洞时，能变成高挑的身材

想要变瘦或长高的人，**当你被黑洞吸入的时候，请尽量保持双脚朝向黑洞的方向**，这样你就会**短暂地变成高挑的身材**。

因为离黑洞越近的地方，引力就越大，所以人的双脚和头顶受到的引力是不同的，在两个部位之间会产生引力差（它就像地球会受到月球的潮汐力一样）。因此，如果是脚先被吸入黑洞，那么脚部受到的引力就会更大，身体也会被拉得更加细长。

但是，非常遗憾，高挑的身材只是一时的。在引力的作用下，最终黑洞附近的物体**会发生意大利面条化（Spaghettification）现象**，你的身体

会被不断拉伸，**全身变得像意大利面一样又细又长**。再后来，你的身体就会被撕裂成碎片……

如果你想晚一点再被撕成碎片，可以先在当下开始**健身**。因为肌肉结实的人能承受更大的引力，所以之前的肌肉训练可能会在你被吸入黑洞的时候，对多保持一会儿体形多多少少起到点作用。

到底是练成苗条的身材好，还是结实的大块头身材好呢？真是个令人苦恼的问题呀。

意大利面条化是指物体受黑洞引力作用时产生的被拉长变形的现象，它还有一个别称叫作黑洞苗条化哦。

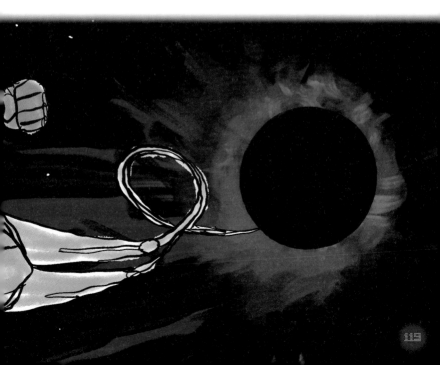

黑洞的**吸引力**，这也**太不可思议了吧**

挤满

物体被吸入黑洞后，会一直被压缩，直到变成一个小点

　　如果被吸进黑洞，会发生什么事情呢？这是黑洞的未解之谜之一。

　　现在的观点是：**物质被黑洞吸入之后，就会被压缩成黑洞中心的一个小点。**

　　物质无论是从黑洞表面的哪个方向、以哪种姿态进入，最终都会变成一个点，掉到黑洞的中心，**就像猎物掉进蚁狮的巢穴一样**，再也无法逃脱。

　　黑洞内部是一个我们无法想象的空间，它的"收纳能力"甚至比把全世界的人强行塞进一个小房间里还要夸张。

　　掉进黑洞的物体会不断向原始状态发展，最后落

到一个叫作**奇点**的位置上。

　　在奇点，密度无限大，大小无限小。**气体和巨型星球等物体在黑洞内部被不断压缩，最后，所有物质都只剩下一个比针孔还小的点**，那个点所在的位置就是奇点了。

　　这恐怕只有**"不得了"**这个词才能形容了吧。黑洞内部才是**宇宙真正的大佬**呢。

在 2014 年上映的电影《星际穿越》中就出现了黑洞的镜头，那个"黑洞"已经非常接近真实的黑洞了。

黑洞的"食欲"

黑洞会"越吃越胖"

　　肥胖是人类共同的烦恼之一。人类吃得太多，身体就会渐渐胖成球。黑洞也是一样的，**黑洞也会"越吃越胖，越吃越重"**。

　　不过，我们可以通过排便，把吃进去的食物再排出来，也可以通过运动来燃脂减重。但是，黑洞一旦"吃"进去什么东西，这个东西就会一直堆积在黑洞内。并且，**黑洞不会变小，"吃"多了也不会破裂**。所以，就算黑洞真的发出了**"最近吃太多，又变胖了"**的叹息，它也没法减重。

　　"胖胖"的黑洞，只能在宇宙的某个角落里，继续孤独地"胖"下去。

日本国立天文台水泽 VLBI 观测所成功拍摄到了黑洞的身影。
在它的所在地——日本东北部的岩手县奥州市，就有很多黑洞样式的和菓子（一种日式点心）售卖呢！

两个黑洞如果相遇，就会『自相残杀』！

黑洞之间时不时地就会出现**并合现象**。也就是说，不会减肥并不影响黑洞旺盛的食欲，它们甚至还能把同类也吃进去！

如果两个黑洞不期而遇，那么它们就会在彼此引力的作用下"怒目相视"，并不停旋转。然后，其中一个会**把另一个"吞进肚子"**里，这就是黑洞之间的自相残杀——并合现象。严格来说，我们也不清楚到底谁吞掉了谁，我们能知道的就是，并合结束后会出现一个**巨大的黑洞**。

最近，引力波望远镜（可以观测到时空微弱波动的仪器）几乎每周都可以观测到这种现象。我们一直都认为黑洞是宇宙中无敌的存在，但是在它们之间也会展开"争斗"。看来，黑洞的生存竞争也异常残酷呢！

黑洞的**食欲**，这也**太不可思议了吧**

被黑洞 迷住的 人们

有人在战场中发现了黑洞

是可以算出谁能打胜仗的方程式吗？

大约在 100 年前，人们首次通过数学方法计算出了黑洞的存在。

阿尔伯特·爱因斯坦在 1915 年提出了举世震惊的**广义相对论**。广义相对论认为，**拥有质量的天体可以使它周围的时间和空间发生扭曲**。

但是描述时空扭曲的方程式是一个非常复杂的算式，就连爱因斯坦本人也没能算出这个方程式的解（答案）。就在这时，**有人算出来了**！他就是德国天文学家**卡尔·史瓦西（Karl Schwarzschild）**。

在第一次世界大战爆发时，卡尔·史瓦西虽然已年过四十，但还是选择从军出征。他身处危

险的战场，却没有丧失对研究的热情，还算出了爱因斯坦方程式的
答案。

后来，他解出来的方程式被寄给了爱因斯坦，并作为论文发表
出来。随着论文的发表，他也一跃成为众人瞩目的焦点。

史瓦西取得了伟大的科研成就，不过，遗憾的是，他在解开方
程式的第二年便因病去世了，年仅 42 岁。但是他的成果**史瓦西度规
（爱因斯坦方程的第一个严格解）**作为一种对**黑洞大小以及时空构造
的描述**，直到现在依然被人们广泛引用。

史瓦西出生于德国的法兰克福。法兰克福香肠就起源于这里呢！

广义相对论是证明黑洞存在的根基，而**爱因斯坦**又是广义相对论的创造者。

但是关于黑洞，爱因斯坦本人却认为**"那只不过是数学计算的产物""世界上根本就没有这种连光都能吸收的东西"**。他甚至还在 1938 年发表的一篇论文中提出"世界上不存在像黑洞那样的天体"。

黑洞是一种非常不可思议的天体，即使数学可以证明它的存在，爱因斯坦这样的天才也没法相信这一结论。

正是因为连"世纪天才"爱因斯坦都不相信黑洞

爱因斯坦实际上是「黑洞反对派」的一员

你可真是对牛弹琴啊……

的存在，所以在很长一段时间内，很多天文学家和物理学家都认为**"黑洞是空想的产物"**。

　　但是从 20 世纪 60 年代开始，随着研究的发展，大家接连发现了黑洞存在的证据。

　　再后来，到了 **2019 年 4 月**，人类第一次成功拍摄到了黑洞的**身影**。**黑洞**终于被验明正身，确定是**真实存在的天体**了。

虽然天才爱因斯坦很擅长数学和物理学，但是他由于其他科目的成绩太差，所以没考上大学。

但我还是觉得不太可能存在引力那么强的天体。

虽然从数学角度来看黑洞确实是存在的……

阿尔伯特·爱因斯坦

黑洞的质量

黑洞分为恒星级黑洞和超大质量黑洞

黑洞也有不同的大小，可以简单分为**恒星级黑洞**和**超大质量黑洞**这两种。

恒星级黑洞来自**质量为太阳 30 倍以上的恒星残骸**。当恒星中心部位的燃料燃尽，难以支撑自身外壳的时候，其中心部位就会崩溃，形成黑洞。这种由恒星残骸演化而来的黑洞，在一个星系中大约有上亿个。但是超大质量黑洞就不同了，它的质量能达到**太阳的 100 万到 100 亿倍**！两种级别的黑洞，质量差别极大，如果**把恒星级黑洞比作蚂蚁，那么超大质量黑洞就是大象**。

此外，它们的数量也非常不可思议。**一个星系中有着几百万个恒星级黑洞，但是超大质量黑洞却只有一个，而且还位于整个星系的中心。**在我们居住的银河系里，就有一个名为"人马座A*"（Sagittarius A*）的超大质量黑洞，它的质量大约是太阳的 400 万倍。为什么在一个星系里，超大质量黑洞只有一个，而且位置还在整个星系的正中心呢？超大质量黑洞又是怎么形成的呢？这些问题直到现在依旧是无解之谜，但是我们认为，**星系的诞生和成长都与超大质量黑洞有关**。

日本国立天文台水泽 VLBI 观测所里有我们成功拍摄到的黑洞特写，那里现在已经是一个非常受游客喜爱的拍照打卡地了。

人类可以毫发无损地进入超大质量黑洞吗？

重

轻

黑洞可以吸入任何物质，但是恒星级黑洞和超大质量黑洞的吸入方式却大有不同。

研究发现，黑洞的潮汐力与黑洞半径的立方成反比。

因为恒星级黑洞相对较小，所以它的潮汐力更大。因此，**人类一旦靠近恒星级黑洞，身体就会被牵引、拉长，变成意大利面条的形状。**

但是超大质量黑洞非常大，所以它的潮汐力小到几乎可以忽略不计。**像人类这样大小的物体，的确有可能可以毫发无损地进入超大质量黑洞。**但是当人类进入超大质量黑洞后，就会落到奇点上，然后被压缩成比芝麻还小的颗粒。尽管如此，我还是不由自主地想进去一看究竟呢！

129

黑洞的嗝儿

黑洞的嗝儿可以直接飞出星系

人吃多了就会打嗝儿，而黑洞这个"宇宙第一大胃王"也一样。黑洞有时也会打一个威力巨大的嗝儿。

黑洞的**嗝儿**叫作喷流。超大质量黑洞的喷流，**移动距离比星系的直径还要大**，可以直接飞出星系，**而且速度堪比光速**！黑洞喷流所喷出来的气体并不是普通的气体，而是**超高温气体**，其中还夹杂了**射线**。如果黑洞喷流直接袭击地球的话，地球上的生命甚至可能会不复存在。

黑洞为什么会打嗝儿呢？即使是黑洞，一口气吞下很多东西也相当不容易，所以它必须要把其中的一部分排出体外才行。那么，这个嗝儿到底是怎么产生的呢？对于这个问题，目前我们也没有确切答案，不过有两种观点：一种观点认为，黑洞喷流是黑洞周围的吸积盘发力所产生的物质；另一种观点则认为，黑洞喷流是黑洞在释放自身的旋转能量。

黑洞喷流称得上是**宇宙第一谜团**，谁能解开黑洞喷流的秘密，谁就很有可能获得诺贝尔奖级别的成就。

黑洞本身、吸积盘、喷流被称为"黑洞的三大武器"。

黑洞的嗝儿，这也太不可思议了吧

星系的诞生竟是因为黑洞打了一个巨大的嗝儿？

人打嗝儿可能是因为吃多了或者身体不舒服。黑洞打出来的巨大的嗝儿，却可能和星系诞生有着密切的关系。

有人说星系中心超大质量黑洞的喷流，能量十分巨大，可以搅拌、压缩周围的气体和尘埃，从而使它们都变成星球。星球们在这样的环境里不断成长，最终就产生了星系。虽然这还只是一个假说，但是我们推测，每个星系中心部位的黑洞质量，都与它周围星球的总质量有关，而且黑洞也会对星系产生某种影响。这样看来，**我们人类的诞生有可能也受到了超大质量黑洞的影响呢**。

会不会是宇宙牌汽水喝多了……

黑洞的
亮度

提到黑洞，大家联想到的第一个词就是"漆黑"。实际上，**黑洞也可以是一个非常明亮的天体。**

当周围气体比较丰富的时候，**黑洞的外衣就会发光发热。**

这件外衣是由被黑洞吸引过来的气体和尘埃构成的。这些物质在黑洞的周围不停地转动，并发出光芒。这件外衣也有个专门的名字——**吸积盘**。它的温度可以达到**几百万到几十亿摄氏度**呢！

当然了，黑洞吸入的气体越多，吸积盘就越明亮，越耀眼。也就是说，**黑洞吸入的物质越多，**

黑洞吸入的物质越多，亮度就越亮

亮度就越亮，就像有些爱喝酒的大叔，喝得越多，精神就越亢奋。**黑洞和爱喝酒的大叔还是很相像的呢**。

要说黑洞到底有多亮？我想，**黑洞的亮度最高能有太阳的 1 万亿倍以上**！

因为黑洞本身是纯黑的，所以人类想在宇宙空间内寻找单独存在的黑洞，是不可能的。但是，要是我们在宇宙的某处或者星系的中心，发现了不可思议的明亮光芒，那么这个地方就很有可能有黑洞！如果你想在宇宙中找到黑洞，就试着去找找星系中心的闪光吧。这是非常有效的方法哦。

1784 年，英国物理学家约翰·米歇尔（John Michell）第一次从科学角度提出了与黑洞相似的概念。

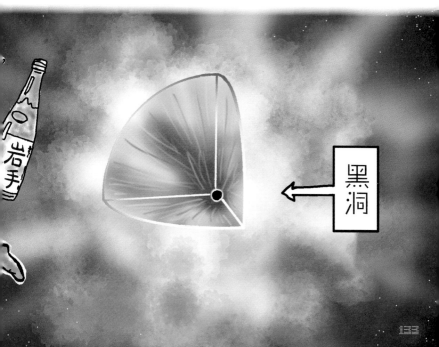

黑洞

黑洞其实是宇宙中最明亮的天体

太阳对我们来说亮得不得了，但是对整个星系而言，只不过是沧海一粟。**类星体是宇宙中最亮的天体**，它的亮度可以达到**太阳的 430 万亿倍以上**！位于室女座的类星体 3C 273，亮度至少是太阳的 4 万亿倍。

类星体实在是太亮了，如果你直接用肉眼近距离观察的话，眼睛就会被烧焦。那么，类星体到底是什么呢？其实，**类星体的本质是黑洞**。

之前我们也介绍过，黑洞吸收的物质越多，吸积盘就会越亮。所以，当星系中心位置的黑洞吸收了大量物质后，吸积盘的亮度也会大幅提升。这样一来，纯黑的黑洞就成功变身为"宇宙最亮天体"——类星

约20亿光年

类星体 3C 273

太厉害了！

从很远很远的地方射过来，还能看到这么亮的光，真是太不可思议了！

体了。这种现象在超大质量黑洞中表现得更加明显。

那么，黑洞需要吸收多少物质，才能变成宇宙中最明亮的类星体呢？

一个黑洞必须在一年内吸收掉一个太阳那么多的物质，才能变成类星体哦。

如果周围的物质都被黑洞吸光，那么黑洞就会像断了电一样，亮度一点点减弱，又回到"宇宙最黑天体"的原始状态。这种现象也时有发生。

黑洞既是宇宙中最暗的天体，又是最亮的天体。从这个角度来看，黑洞真是太不可思议了。

当再也没有气体可以吸入的时候，黑洞就不再发光，而是变成"隐身的黑洞"。据说宇宙中也有很多"隐身的黑洞"呢。

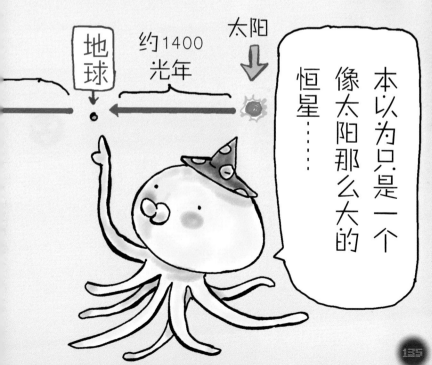

太阳

约1400
光年

地球

本以为只是一个像太阳那么大的恒星……

黑洞输出的能量

——黑洞——宇宙中的能量制造机

　　黑洞虽然很危险，但是如果能被合理利用的话，也有可能会拯救地球，因为它**可以轻而易举地解决地球上的环境问题和能源问题**。那么我们应该如何有效利用黑洞呢？

　　我首先想到的就是**垃圾处理**。对任何物质，**黑洞都会照单全收**，即使是人类觉得棘手的东西，比如**大量的垃圾、含有有害辐射的物质**。

　　其次，利用黑洞发电。因为黑洞周围的吸积盘会吸收垃圾，利用它们继续发光发热，所以我们**只需把太阳能电热板放到黑洞附近，黑洞的热能就可以转化为电能并为我们所用了**。由于黑洞释放能量的多少，取决于吸入物质的多少，所以只要我们调整好垃圾的投入量，就可以控制黑洞的发电量。

"太空电梯"是连接地面和外太空的电梯，这也是目前我们正在努力探究的方向。

黑洞输出的**能量**，这也**太不可思议了吧**

每天往黑洞里投入 3 千克垃圾，日本就不会再有石油燃料问题了

总的来说，我们只要往里面扔垃圾就可以获得能量，充分发挥黑洞的作用！那么，这台"能量制造机"的能量输出到底有多强呢？

目前全日本一天所需的电量大概要消耗 400 万桶石油燃料（大约 6.4 亿升）。按照现在的市场行情来计算，**一天的燃油费差不多能达到 12 亿人民币**，是一笔极大的花销。如果能每天往黑洞中投入 3 千克的物质，利用黑洞发电，我们就可以得到与消耗 400 万桶石油燃料相当的电量。总的来说，如果能充分发挥黑洞的作用，我们**就可以在只扔垃圾却不产生燃油费的情况下一次性获得所需要的电量**！如果需要更多的电量，那么只要投入更多的垃圾就可以了。并且，向黑洞中投入的垃圾越多，地球上的垃圾就越少。

既能减少垃圾，又能释放大量的能量，黑洞不愧是宇宙的"能量制造机"呢！

黑洞和时间

在黑洞的周围，时间会静止

如果能拥有超能力，我想很多人都想得到**让时间静止的超能力**。

实际上，**黑洞就有"让时间静止"的超能力：任何物质一旦靠近黑洞，它的时间看起来就是静止的**。为什么黑洞能有如此强大的超能力呢？原因就在于引力。

正常情况下，时间的流逝速度对任何人来说都是相同的。但是根据广义相对论的观点，质量可以扭曲时间和空间。而质量越大，引力越大，时间的流动就越慢。

举个例子，因为月球的引力比地球小，所以在月球上，时间的流动要比在地球上稍微快一点

让气体的时间静止，这也没什么值得骄傲的吧。

黑洞的周围几乎都是气体状的星际物质……

静止

点。再比如说，在人造卫星所在的位置，受到的地球引力没有在地面上那么强，所以那里的时间流动也比地球更快一点。

为了让 GPS（Global Positioning System，即全球定位系统）卫星的计时器能和地球时间同步，工程师们会特意把 GPS 卫星的计时器调慢十万分之 4.5 秒。

黑洞是宇宙中引力最大的物质，所以**在黑洞周围，时间和空间的扭曲会达到极限。黑洞周围的时间，不仅仅是变慢，而是接近于静止。**

"时间静止"毫无疑问是违背常识的，但是在黑洞周围却也是不争的事实。黑洞的确称得上是宇宙第一"法外狂徒"了。

有学者认为，根据"黑洞周围时间静止"的原理，时空穿梭也不是没有可能的事情。

黑洞可以吸收一切物质，但是黑洞吸入物质的过程，在远处的观测者是没办法看见的。说到这里，大家都有点糊涂了吧？那么请回忆一下之前的内容：**黑洞是宇宙中引力最大的天体，在紧挨着黑洞的空间里，时间流逝的速度极其缓慢，从远处看，那里的时间就像停止了一样。**

请大家想象一下火箭被吸进黑洞时的场景（假定火箭本身和火箭里的宇航员都能承受住黑洞的热量和引力）。当火箭被吸入黑洞时，对于火箭里的宇航员来说，时间的流动没有发生变化，宇航员的动作和思考速度也没有变慢。但是，实际情况却是火箭已经被黑洞吸住，马上就要掉进去了。

人们不可能看见黑洞吸入物质的过程

得从这里逃出去才行……

正在远处暗中观察的人们

那艘船已经在那个地方停了快 1000 年了呢。

我们有好好观测呢。

在远处观测的人们看到的，却是这样的画面？

修理机器

对于我们来说，从远处看，它就好像是停在了离黑洞很近的地方。**"黑洞周围发生什么事情了吗？""难道是火箭里的人太害怕了，所以反悔不想进去了？"** 其实都不是。

接下来，我们可以观察到，火箭在黑洞的表面几乎静止，而黑洞的周围也开始亮起红光。当红光变暗后，洞口的火箭也跟着消失不见了。

这是一个不可思议的现象，其中的原因也和黑洞的引力有关。在强大引力的作用下，黑洞周围的时间几乎静止，但是**从远处观测者的视角来看，黑洞的时间流逝反而更快了**。这也是黑洞不可思议的性质之一。

我们认为，黑洞周围的吸积盘是一种具有粘附性的物质！

黑洞和白洞

黑洞的反面——能释放一切物质的白洞

黑洞称得上是宇宙中"最厉害"的角色，但是世界上还有一种能和黑洞抗衡的天体，它就是**白洞**。

白洞和黑洞正好相反，黑洞可以吸入所有物质，而白洞则**可以释放所有物质**。

如果我们用算式来描述物质落入黑洞后的情况，那么把这个式子整体倒过来，就可以得到白洞释放物质的情况了。所以，**从数学的角度来看，白洞是真实存在的**，它甚至比黑洞更加不可思议。

虽然根据爱因斯坦的广义相对论，白洞确实是存在的。但是到目前为止，我们还没有观测到任何一个疑似白洞的天体，所以相信白洞存在的人也比较少。

X 射线在黑洞观测中起到了非常重要的作用。
前日本宇宙科学研究所所长小田稔是 X 射线天文学研究领域的先驱。

黑洞和白洞，这也太不可思议了吧

想看到白洞，我们只能穿越到宇宙诞生之前？

把黑洞吸入物质的时间轴倒过来，就可以获得能不断释放物质的白洞。

我们要想观察黑洞吸入物质的景象，就需要花费无限长的时间。同理，想要观测到白洞释放物质，我们也需要花费无限长的时间，**甚至要追溯回"无限的过去"**，也就是要回到宇宙大爆炸发生之前。

这件事情的不可思议之处就在于此：**我们生活在宇宙诞生之后，却只能在宇宙诞生之前观测到白洞。**完成这件事的难度**就好比我们要在妈妈还没有出生时，就出现在这个世界上。**

很多矛盾都出现在看似不可能存在的白洞身上。但是从科学的角度出发，白洞又是真实存在的。这真的太不可思议了！

微型黑洞

可以人工合成微型黑洞吗？

黑洞是宇宙的能量制造机，如果能让黑洞为人类所用，那么它将给我们的生活带来极大的便利。但是，宇宙中的黑洞离我们太远了。那么，**黑洞可以人工合成吗**？有人认为，**一台粒子对撞机（用于加快粒子运动速度的加速器）就完全有可能制造出一个小型黑洞**。这种机器可以让带电粒子进行猛烈对撞。粒子不断对撞，产生的能量不断增强，达到一定程度后就可以制造出一个小小的黑洞。

这种微型黑洞会不会带来危险呢？这种可能性是极低的。

首先，宇宙中很多现象释放出的能量，都比粒子对撞所产生的能量要大得多。其次，如果人类能合成黑洞，那么宇宙中肯定也存在可以合成黑洞的物质。按理来说，这些物质应该会受到地球引力的影响，24 小时不间断地向地球飞来，自发形成黑洞。可是直到现在，地球依然平安无事。所以说，我们不必担心微型黑洞会反噬地球这个问题。

不过，仍然**有人反对建设粒子对撞机，甚至还因此闹上了法庭**。

动画片《哆啦 A 梦》中有一个叫作"迷你黑洞"的道具，只要吞下一粒"迷你黑洞"，就可以把整个房子吸进肚子里，真是太不可思议了！

微型黑洞, 这也太不可思议了吧

微型黑洞的破坏力, 实际上可以忽略不计?

微型黑洞一旦合成成功, 就一定会释放出巨大的破坏力吗? 其实不是这样的, **我们认为微型黑洞其实是没什么破坏力的。**

黑洞的确可以吸入任何物质, 但是只能吸入那些靠近黑洞表面的物质。由于微型黑洞非常小, 所以物体恰好落在其表面的可能性也是极低的。假设微型黑洞和真正的黑洞吸入速度以及成长速度完全一样, 那么**重量为 1 千克的微型黑洞想要吞下整个地球, 大概要花上几十亿年的时间。**

微型黑洞看起来像是个杀伤力极大的武器, 但是它的吸入能力真的对地球构不成威胁。下一页的**黑洞的蒸发**, 从某种程度上来说, 才是一件真正可怕的事情。

黑洞的 寿命

黑洞会蒸发吗？

黑洞不管吸入多少物质都不会破裂，因此我们认为黑洞的寿命是无限长的。但是这样的观点都建立在广义相对论的基础之上。有人对黑洞的寿命提出了异议，他就是著名的"轮椅上的科学家"——**斯蒂芬·威廉·霍金（Stephen William Hawking）**。他结合广义相对论和量子力学提出了新的物理学法则：**黑洞自身也具有温度，不仅能吸入物质，还能释放出热量。**

霍金认为，随着热量的释放，**黑洞**的重量也会逐渐变轻，**不知不觉间就蒸发不见了**。在这个观点中，黑洞就像是被拿到室外的一杯水，在不知不觉间就会蒸发干净。

我们以为黑洞是永恒的，但是实际上这可能不一定就是正确的。

物理学天才霍金虽然在小时候就被称作"小爱因斯坦"，但是据说他的在校成绩其实并不优秀。

黑洞是宇宙中最长寿的天体？

我马上就要离开这个世界了……

不知道身体里这些活蹦乱跳的家伙们会变成什么样。

宇宙

我们还好得很呢！

霍金认为**黑洞是有寿命的**。可是黑洞的寿命究竟有多长呢？

不算不知道，一算吓一跳。如果他的理论是正确的，那就说明黑洞也有寿命。**和太阳一样重的黑洞，寿命竟然会比宇宙还长！**

这样的话，我们观测到黑洞蒸发的可能性几乎为 0。

但是如果观测对象是微型黑洞的话，在我们的有生之年，说不定还是可以期待一下的。据推测，黑洞生命终结的最后那一瞬间是非常华丽的，因为在那时，黑洞会释放出巨大的能量，发出异常明亮的光芒。

黑洞的**寿命**，这也**太不可思议了吧**

人类如果能去到离黑洞很近的地方，将会收获什么样的体验呢？

首先是触觉。黑洞虽然是一个球形天体，但是它却没有像地球这样的地面。所以无论你怎么用手去触摸黑洞，都不可能摸到墙壁或隔断那样的物质。

然后是视觉。当你在黑洞外面时，你只能看见一片漆黑。可是如果你在掉进去的同时抬头向上看，就可以看到因引力而扭曲的夜空。

接下来是嗅觉。黑洞周围飘浮着高热的等离子体，如果你能闻上一闻的话，大概能闻到一股金属烧焦了的气味。

最后是听觉，因为黑洞附近有一圈高热量的气体圆盘（吸积盘）在旋转，所以声音在黑洞周围的传播速度比在地球上要快得多。所以在黑洞附近说话，你的同伴会更快听见你的声音。

不过非常可惜的是，人类在宇宙中不能脱下宇航服，所以气味和声音的变化，我们大概感受不到了。

如果
能到达
黑洞的周围，
人类会有怎样的
体验？

在 2019 年 4 月，世界上第一张超大质量黑洞的照片诞生了。这张照片是在 EHT 计划中拍下来的。EHT 计划已经开展了十几年，有 200 多名世界各地的研究者参与其中。在这个计划开始之前，科学家们已经在理论上几乎证实了黑洞的存在。那么，为什么人类还要投入巨大的力量来拍摄黑洞呢？

参与这个计划的本间老师是这样回答的："我们都知道，狗狗的嗅觉是五感中最灵敏的，所以可能对于狗狗天文学家来说，给它看黑洞的照片，它会说'除非让我闻闻，要不然我是不会相信的'。但是人类不是狗狗，所以就算给人类闻黑洞的味道，我想人类也是不会相信的。都说'百闻不如一见'，人类是一种信奉眼见为实的生物。在五感中，人类最依赖的就是'视觉'。当听到的和看见的出现差异时，我想大多数人还是会相信眼睛所看到的东西。所以对于人类来说，想要理解一个事物，视觉信息是非常重要的。"

为什么
人类一定要
亲眼 "看见"
黑洞呢？

比浪漫更浪漫的

第四章

外星人

99%的天文学家都认为『在地球之外还有生命』

"世界上有外星人。"

如果你这么说，很可能会被人笑话。但是几乎所有的天文学家都虔诚地相信在地球之外，还有生命存在。而且，包括我在内，也有不少人认为太空中有外星人。为什么这么多人都相信在太空中有外星人呢？因为宇宙中的行星数不胜数，而且我们也发现了和地球十分相似的行星，所以不相信"有外星人"反而很奇怪。

我相信，只要阅读完这一章，你也一定会支持太空中有外星人这个观点的！

木卫二上有木星人？

可能存在『海洋』的星球——木卫二『欧罗巴』

地球生命的诞生，离不开"海洋"和"热源"这两大要素。在太阳系中，除了地球，还有一颗星球也很可能存在海洋！它就是木星的卫星——"欧罗巴"（Europa，也被称为木卫二）。

虽然欧罗巴卫星的表面覆盖着厚厚的冰层，但是在木星强大的潮汐力作用下，其内部冰层很可能会融化成海洋。而且海水和海底也会因潮汐力而互相摩擦，从而产生热量。因此在这颗星球上发生地壳运动也是完全有可能的。总的来说，**欧罗巴星上既有"海洋"又有"热源"，是一颗非常幸运的星球。**

顺便一提，欧罗巴星是在 1610 年被发现的，关于发现它的人，我们也很熟悉，他就是之前提到过的天才科学家**伽利略·伽利雷。**

实际上，关于**谁是欧罗巴星的真正发现者，还有一段小小的插曲。在伽利略宣称自己发现了欧罗巴星之后，德国天文学家西门·马里乌斯（Simon Marius）声称："我发现欧罗巴星的时间要比伽利略更早几天！"**但是，我们还是认为伽利略才是最早发现这颗木星卫星的人。不过，"欧罗巴"这个名字却是由马里乌斯命名的。（小彩蛋：欧罗巴是古希腊神话中天神宙斯的情人的名字。）

美国国家航空航天局（National Aeronautics and Space Administration，简称 NASA）预计在 2024 年向欧罗巴卫星发射探测器——"欧罗巴快船"。

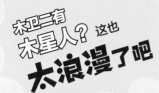

木卫二有木星人？这也太浪漫了吧

离地球最近的宇宙生命体可能会是"欧罗巴鱼"？

如果在欧罗巴星上真有生命的话，那么它很可能是宇宙中离地球人最近的"邻居"。

提到这个"邻居"，我们最关心的就是它长什么样子。因为这位邻居生活在水里，所以我们认为它应该是一种像鱼一样的生物。而且由于欧罗巴星上有厚厚的冰层，冰层下的水压很高，所以在那里生活的鱼应该和地球上的深海鱼一样，拥有纤细瘦长的体型。

说到这里，爱好美食的同学可能会好奇，欧罗巴鱼是什么味道的呢？你们是不是已经"跃跃欲试"，想去一次欧罗巴星，在冰面上开一个窟窿，像钓鲑鱼一样发起一场"钓起欧罗巴鱼"的垂钓挑战呢？

来试试看吧！不过，假设探索欧罗巴星大约要花费490亿人民币，你把从欧罗巴星带回来的鱼做成了100个寿司，那么每个寿司要卖上4.9亿人民币的高价才能拿回本钱呢。

土卫二上有土星人？

太阳系中最洁白的星球——土卫二『恩克拉多斯』

在太阳系中，并非只有欧罗巴星上可能有水，土星的卫星——土卫二也是公认可能有水的星球之一。

土卫二和欧罗巴星一样，表面都覆盖着**像溜冰场一样光滑的冰层**。土卫二地表上雪白的冰层在太阳的照射下熠熠生辉，非常美丽。因此，土卫二也被称作是"**太阳系中最洁白的星球**"。

但是这颗卫星的惊人之处远不止它美丽的外表。在 2005 年，卡西尼号土星探测器**成功拍摄到了从土卫二冰层缝隙中喷出来的水蒸汽**！这个消息轰动了整个学界。关于土卫二，还有一个值得关注的地方：土卫二海水中含有盐分以及各种各样的有机物，而且在海水深处甚至还可能有热水在沸腾！要知道，**热量和有机物在生命诞生过程中起到了非常重要的作用**！地球上之所以有生命，就是因为在岩浆的加热下，许多有机物在海水中发生了化学反应，不断地结合与分离。所以，在这样的环境中，土卫二冰层下随时有可能出现生命！

日本庆应义塾大学尖端生命科学研究所等科研团队，已经在实验室里成功复刻了土卫二的海洋，并且从中获得了由氨基酸演变而来的复杂有机物。

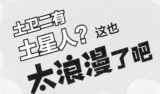

土卫二有土星人？这也太浪漫了吧

土卫二上也许存在原始生物，或者虾、螃蟹之类的生物？

如果土卫二上真的有生命的话，它们会是什么样子的呢？**我们认为土卫二的内部环境和地球海底很相似。**

在地球上，由于海底火山喷发等原因，海水变热形成羽流（一柱更热的海水在凉凉的海水中移动），并从海洋的"裂缝"中喷薄而出。

在海底火山附近，有些物质能融化在滚烫的海水中，像细菌那样的原始生物可以从这些物质中获得能量，从而蓬勃繁衍。而一些小型生物则以海底细菌为食。在此之上，就是以小型生物为食的虾、蟹等动物了。

在土卫二的温泉水中，除了细菌形状的外星人外，说不定还有虾蟹形状的外星人在优哉游哉地生活呢。

恩克拉多斯温泉

土卫六上有 土星人？

泰坦星上的雨和屁的成分竟然一样！

太阳系中"可能存在生命的星球"排行榜第三名是土卫六——泰坦星。

泰坦星是太阳系中的第二大卫星，**其大小大约是月球的 1.5 倍**。泰坦星最大的特点，就是拥有一层厚厚的大气。泰坦星上有降雨，而且地面上还有海洋和河流。我们几乎可以确定泰坦星上有液体存在。你想看看泰坦星上的河流与海洋的照片吗？很遗憾地告诉你，它们在外表上和地球上的河流并没有什么不同！但是，泰坦星在其他方面确实和地球有着巨大差异。

首先就是温度。**因为离太阳很远，所以泰坦星上的温度竟然低至 −180 摄氏度！**这个温度完全可以冻死我们人类了。

泰坦星和地球之间的另一个差异就在于液体。泰坦星上的液体不是水，而是甲烷。甲烷是一种天然气，近年来，它作为一种可以替代石油的未来能源而备受关注。

再告诉你一件事，人类的屁中也含有甲烷。所以，甲烷也可以在我们体内生成。但是甲烷本身是没有味道的，所以泰坦星上的气味不会像屁一样臭！

总的来说，泰坦星中充满了甲烷气体，泰坦星的大气层也是由甲烷气体构成的。在温度极低的情况下，甲烷大气层降下甲烷雨，甲烷雨汇聚成了泰坦星地表上的河流和海洋。泰坦星就是这样一颗不可思议的星球。

截至 2019 年，土星的卫星总数已达到 82 个。如此，土星正式超过拥有 79 个卫星的木星，一跃成为太阳系中卫星最多的行星。

土卫六上有土星人？这也太浪漫了吧

泰坦星上可能存在着突破地球生物进化论的未知生物？

泰坦星是除地球以外唯一一颗地表常年有液体流动的星球，所以在泰坦星上发现生命的可能性并非为0。

但是，**到底是什么样的生物才能在泰坦星上生存呢？**这个问题比木卫二和土卫二上的谜团更加神秘。

为什么呢？因为地球上没有任何一种生物是生存在甲烷液体之中的。所以我们也不知道，到底什么样的生物，才能在这样的环境下生存。

不过，如果转化一下思路：**泰坦星上有没有可能存在着和地球生物完全不同的生命体呢？**它们或许有着一套和地球生物完全不同的进化体系。这些泰坦星上的生物可能有着不可思议的外形，吃着不可思议的食物，过着不可思议的生活。这样想来，你的心情是不是再一次久久不能平静了呢？

致外星人的一封信

早在 50 年前，就已经有人给外星人「写信」了

发现外星人一直以来都是地球人的梦想。

美国的波多黎各阿雷西博天文台，是 50 年前世界上最先进的天文观测所。为了实现与外星人交流的梦想，**1972 年，有一群人就在这里向宇宙发射了一段电波**。

在当时，阿雷西博天文台的工作人员刚刚完成了射电望远镜雷达性能的升级任务。我们知道，当人们有新自行车、新轿车、新游戏或者有其他什么新品到手的时候，就会想要庆祝一番。

阿雷西博天文台的工作人员也是如此，所以他们欣然提议，想要**试一试新雷达的威力**，因此就有了在望远镜改装纪念典礼上向"外星人发送一封纪念信"的活动。他们把当时地球上的人口信息、太阳系和人类的绘图，以及阿雷西博天文台射电望远镜的设备信息都编辑成了电波，向距离地球 2.22 万到 2.5 万光年的 M13（武仙座球形星团）发射了出去。

给外星人"写信"，与其说它是观测台庆祝活动的余波，不如说是人类试图与外星生命取得联系的第一次尝试。

说到给外星人写的"信"，最著名的就是 20 世纪 70 年代发射的先驱者号探测器了。科学家们在探测器的机体上装配了一块金属板，上面有地球男女的画像等图形。

致外星人的一封信，这也太浪漫了吧

"给外星人写信"虽然是个很浪漫的做法，但是就在信息发送出去以后，天文台的工作人员们却遭受了很多责难。有些人认为，**不要随便给外星人写信啊！如果那些不怀好意的外星人知道了地球的位置，打过来了可怎么办？**

那么，我们收到外星人的回信了吗？非常遗憾，到目前为止，我们收到的回信数量是 0。

阿雷西博的"信"从发出到现在只有 50 年，这段电波还没有到达 2.22 万到 2.5 万光年外的 M13。如果对方也以同样方式回信，那么我们收到回信也得是 5 万年之后的事情了。

不过，**在非常遥远的未来，我们也许真的会收到这封"信"的回信。**

发出信息后的天文台却遭受了非议，『如果地球被外星人攻击了怎么办！』

在阿雷西博的"信"中所描述的地球人

我们还是不要这么做了吧。

我们去把这些家伙们的星球抢过来吧！

这个星球的机器

探索外星人①

在这个世界上很多人都不相信太空还有外星人，然而，也有人坚定地相信外星人的存在，甚至愿意花费大量金钱去探索外星人的踪迹。

俄罗斯企业家尤里·米尔纳（Yuri Milner）和社交软件脸书（Facebook）的创始人**马克·艾略特·扎克伯格（Mark Elliot Zuckerberg）**就相信外星人的存在。他们共同发起了**"突破摄星"（Breakthrough Starshot）计划**，并将**在十年间，出资大约 4.9 亿人民币**来购买世界上最先进的射电望远镜，用以**探索外星人**。

探索外星人听起来可能非常离谱，但是世界上真的有很多人坚信外星人的存在。

世界上竟有这么多人情愿花重金去探索外星人

『突破摄星』计划财团的学术奖项『科学突破奖』，奖金足足有大约 2100 万人民币！

比诺贝尔奖奖金的 2 倍还多呢！

本间老师，请您在研究和观测上再加把劲吧！

奖金是不会分给宇宙田君你的哟。

我们已经在宇宙中发现了非常多和地球相似的星球了

地球位于太阳系中的可居住区域，有大地、大气和水，是一个非常适合生命诞生的星球。正因如此，人们过去才会认为像地球这样环境这么好的星球，在宇宙的其他地方，一定找不到第二个。

系外行星是位于太阳系以外的行星。随着观测技术的突飞猛进，近年来我们发现的系外行星越来越多，所以这种思想也逐渐有了被推翻的趋势。我们每年都会发现很多系外行星，截至 2022 年，我们就已经发现了 5000 多颗。而且在这些行星中，我们又发现了大约 40 颗行星和地球一样，都处于可居住区域，而且大小也和地球十分相近。

当然，我们不能只因为环境和地球相似，就认定那里一定有生命，也不能根据这个条件来判断那里是否有类似于人类文明的高度发展的文明。不过，在银河系之外还有 2000 多亿颗恒星，也有几千亿个和银河系一样的星系。所以按照这个概率，**即使发现和地球一样拥有高度发展的文明的星球，也一点都不奇怪**。

"突破摄星"计划的发起人会给对自然科学发展具有卓越贡献的研究者颁发科学突破奖（Breakthrough Prize）。在 2019 年成功拍摄到黑洞照片的国际研究队成员们就共同获得了这份荣誉。

探索外星人②

在不远的将来，人类将启用世界上最大的望远镜开始外星人探索之旅！

人类从未停止过探索外星人的脚步。在未来，最值得我们关注的就是**建设巨型射电望远镜阵列**的计划。因为望远镜的面积越大，看见遥远、黑暗的物质的能力就越强，所以说，**望远镜越大，我们就越有可能接收到来自遥远星球的外星人发出的电波**。

"平方公里阵列射电望远镜"（Square Kilometre Array，简称 SKA）计划是一个世界性的宇宙探索计划，目前的成员国有英国、澳大利亚、加拿大、中国、印度等共 10 个国家。SKA 计划将架设数千条天线，建造一个面积为 1 平方公里的巨型射电望远镜阵列。如果这一计划能够实现，那么我们将会接收到一些以往漏掉的电波——这些电波是从距离太阳系较近的系外行星发出的，并且强度与地球电波相当。

据说，奥特曼的故乡原本设定在 M87 星云，但是由于当时的排版失误，导致奥特曼的故乡变成了"M78 星云"。

探索外星人②，这也太浪漫了吧

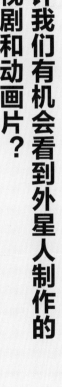

也许我们有机会看到外星人制作的电视剧和动画片？

建造巨型望远镜阵列和探索外星人有什么关联呢？简单来说，我们是通过**捕捉外星人所发出的通信、广播信号**来寻找外星人的。

在日常生活中，无线电通信技术的应用范围十分广泛，无论是在电视台、广播站播送节目时，还是在机场确定飞机方位时，都会使用雷达来发射、接受无线电信号。如果宇宙中真有和人类文明发展程度相当的外星文明，那么那里的外星人一定也能掌握无线电通信技术。如果 SKA 巨型射电望远镜阵列架设完成，那么只要是距离太阳 10 亿光年之内、强度与地球电波相似的电波，我们都有能力识别出来。

在不远的将来，如果我们真能捕捉到附近外星人发送的电波，**那么外星人制作的电视剧、动画片、智力竞赛节目，我们也都有可能看得到。**

它们会是一些什么样的节目呢？就让我们拭目以待吧！

不明飞行物

说到不明飞行物（Unidentified Flying Object，简称 UFO），大家应该都会想到外星人乘坐宇宙飞船的画面，还会有人担心地问天文学家："外星人真的会坐着 UFO 来地球吗？"可是，寻找 UFO 并不是天文学家的使命。

世界上有一个专门**监测可能撞击地球的小行星或大块陨石等不明飞行物的组织——太空卫士（Spacewerx）**！这个组织听起来像一个电脑游戏的名字，但是它的确是一个正规的组织。太空卫士的总部在意大利，日本分部在冈山县井原市的美星町，它通过国际合作来监测世界各地是否有对地球存在潜在威胁的小行星和陨石。UFO 如果来了，可能就会被太空卫士发现。

不过，不知是幸运还是不幸，到目前为止，这个组织还没有发布过"UFO 来啦！"的消息。

地球上专门寻找太空不明飞行物的专业组织

根据住在日本太空卫士协会附近的人的说法，他们把太空卫士的工作人员称为「太空爷爷」。

可是，在太空卫士协会里好像只有一个老爷爷……

太空卫士真的是一个和日本宇宙航空研究开发机构（Japan Aerospace Exploration Agency，简称 JAXA）都有关系的专业组织！

啊，碎块！

太空爷爷

日本太空卫士协会

不明飞行物，这也太浪漫了吧

尽管我们没见过 UFO 和外星人，但是这并不代表它们不存在

到目前为止，人类并没有监测到外星人和 UFO 光顾过地球，我们也没有收到过任何来自外星人的电波，**所以有人就认为世界上根本没有外星人。我想这个结论还是下得太早了。**可是，如果外星人是存在的，为什么人类从没见过它们呢？这是因为，即使有外星人，那它们在人类存在时恰好与人类相遇的可能性也非常低。

宇宙最晚诞生于 138 亿年前，地球最晚诞生于 46 亿年前，而晚期智人的出现最多不超过 20 万年，人类第一次走进太空也不过是 50 年前的事。人类文明诞生的时间和宇宙的年龄相比，只不过是短短的一瞬。就算在宇宙某处真的有文明程度相当高的外星人，也没有人能保证，它们一定就会在人类存在的这一"瞬间"来到地球，并与我们相遇。

外星人可能出现在 10 亿年前或者 10 亿年后的宇宙某处，我们和外星人可能只是没有出现在同一时空，这并不代表外星人不存在。这就像无论我们多想见到恐龙，但是都不可能实现一样——因为我们和恐龙生活在不同的时代。不过，虽然我们不能亲眼见到恐龙，但是这并不代表恐龙这个物种就不存在。

日本国立天文台举办了一个叫作"银河巡游"（Galaxy Cruise）的市民参与型活动，普通人也可以参与斯巴鲁望远镜（Subaru Telescope）拍摄图像的分类工作。

遇见外星人

如果能和外星人交谈，就聊聊数学吧

如果遇见了外星人，我们应该聊点什么呢？ 因为文化和潮流不同，所以地球电视节目里的话题根本就聊不起来；由于味觉不同，地球人常常谈论的美食话题也聊不了；而且由于两个物种之间的交流和性别判定方法都不同，所以恋爱话题也很难展开。

但是，数学、物理学、音乐很可能就是我们和外星人之间的共同话题。

物理学法则是宇宙的通用法则，而数学又是物理学的基础，物理学上"宇宙的基本法则"相对论就是用数学的方式进行描述的。所以说，**如果是拥有高度文明的外星人，它们一定是可以理解相对论和数学的**。因为相对论是宇宙的基本法则，所以通过讨论与它有关的话题，在某种程度上，我们也能对对方的文明程度有一定了解。

虽然不同的外星人会创造出不同的文明，但是我们可能还有一个共同话题，那就是音乐。因为音乐的基础也是数学——无论是节奏、音阶还是和弦，一切的核心也都在于数学。而且外星人的音乐，说不定还和我们的十分相似呢！那些**想要和外星人畅聊**的同学们，从现在开始**努力地学习数学、物理和音乐吧**！

2019 年诺贝尔物理学奖获得者之一、瑞士天文学家迪迪埃·奎洛兹（Didier Queloz）曾发表观点："在未来 30 年内，我们即使在某颗行星上发现生命也不足为奇。"

如果有邪恶的外星人想要攻击地球，世界反而有可能更加和平？

如果有邪恶的外星人要进攻地球，我们该怎么办呢？这个问题，想想都令人感到害怕吧？但是请大家放心，外星人进攻地球并不那么容易。

虽然我们地球人也去过几次太空，但是最远也没超过月球，而且目前也没有外星人来过地球的正式记录，所以我们认为外星人在宇宙间穿梭也是很有难度的。**宇宙旅行需要耗费巨大的资源和漫长的时间，而且谁都不能保证地球一定值得外星人花费力气去攻占。**

万一外星人真的打算攻占地球（虽然我们都知道这种可能性微乎其微），对我们地球人来说，这样的情况也有一个好处——世界会在短暂的时间内保持和平。**当地球人得知外星人真的要来攻打我们之后，大家都会因为外来物种的入侵而暂时搁置人类内部的争议，转而共同对抗外部敌人。所以在这段时间内，地球会获得短暂的和平。**

这个星球太美了，我一定要得到它！

这已经是200万年前的样子了，即使现在乘坐光速飞船，到达地球也要花费200万年的时间啊……

搬到
太空中去

如果人类需要搬家，最有可能实现的就是移居月球

如果有一天出于某种原因，**人类真的需要新的家园，那么我们最有可能搬去的星球就是月球**。

月球离地球很近，还能接收到太阳的光芒。当人们搬到月球后，可以眺望到闪烁着蔚蓝光芒的地球；由于月球没有大气，所以我们还可以 **24 小时欣赏比在天文馆里看到的更美丽的夜空**；月球的重力很弱，所以人们能够轻轻松松地跳到 **2~3 米那么高**。我想对于那些喜欢刺激的人来说，月球可能是一个再适合不过的居住地了。

可是，月球虽然千好万好，却有一个缺点：月球作为居住地来说，实在是太**无聊**了。月球上到处都是岩石和沙子，这一点很煞风景，那里没有季节变化，所以在月球上每一天的景色都一样，会非常乏味；除此之外，月球上还没有氧气，我们想要出门就必须要穿上宇航服。**如果你一不留神，穿着普通衣物直接去朋友家串门的话，就会立刻窒息而亡！** 而在地球上，我们就算是穿着泳装出门也不会死。这样看来，地球真是一个非常宜居的星球了。

为了满足宇航员在太空吃肉的愿望，日本罗森便利店特意开发出了航天食品"太空炸鸡块君"。这个小零食还被 JAXA 认定为"Pre 航天日本料理"。

搬到太空中去, 这也太浪漫了吧

如果我们移居月球，就要喝自己的小便！

如果人类别无选择，必须要搬到**月球上的话**，请大家务必做好对这件事的心理准备：一旦移居月球，**我们需要喝自己的小便！**

在月球上如何保障水资源循环，是个十分重要的课题。在月球上，尿液会变成十分宝贵的资源，**如果你在月球上随意小便的话，一定会因为浪费资源而被臭骂一顿的。**

实际上，在空间站中，宇航员们的尿液就是被循环利用的水资源之一。宇航员们的尿液会经过机器蒸馏，再通过精加工而变成冲泡咖啡、红茶等饮料时所用的水或者单纯的饮用水。

所以说，**宇航员们一边为地球航天事业的发展日夜操劳，一边却又不得不喝着自己的小便。** 当我们仰望夜空的时候，请一定要感谢他们的付出与努力。

地球灭亡的危机：太阳的寿命

太阳会在 50 亿年后灭亡！地球也会被它吞噬……

生命能在地球上生存，都是太阳的功劳。但是，就像所有生物都有自己的寿命一样，太阳也不是长生不老的。科学家们预测，**太阳还剩 50 亿年寿命**。

目前，太阳中心部位的燃料（氢气）还在不断燃烧。可是随时间的流逝，太阳内部的氢气会变得越来越少。当内部燃料耗尽后，太阳燃烧的部位就会从内部转移到外部。这时，太阳的亮度也会越来越高。**几十亿年以后**，太阳的光芒将会达到现在的 1000 倍以上。

随着太阳亮度的增强，**地球的温度**也会逐渐升高，在几十亿年后就**会超过 100 摄氏度**！温度如此之高，人类想必已经无法在此时的地球上生存了。而且，随着自身的不断膨胀，太阳也会从恒星转变成红巨星，然后"**一口吞掉地球**"。

所以在此之前，我们地球人必须要逃离地球，在宇宙中找到新的家园。顺着这个思路继续想下去，**我们的子孙很可能就会变成真正的外星人了**……

宇宙探索技术公司（SpaceX）总裁埃隆·马斯克（Elon Musk）曾在社交平台上声称："在 2050 年之前，人类有可能会在火星上建设都市。"

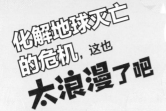

化解地球灭亡的危机, 这也太浪漫了吧

为了阻止地球灭亡，就让我们搅拌太阳吧！

虽然地球最后会迎来被吞噬的悲惨结局，但是别慌，我们还有希望。在遥远的未来，想要活下去，我们还有两条路可走。

第一条路就是"**搅拌太阳**"。太阳的灭亡是因为中心部位燃料的耗尽，可是在太阳的外部，依然残留了部分燃料。所以就像把蛋清和蛋黄搅拌在一起那样，**人类只要找一根巨大的棍子或类似的物质，把太阳的内部和外部搅拌到一起，那么太阳外部的燃料就会进入到内部，太阳的寿命也就能得到大幅延长了。**

另一条路就是**逃离地球**。在遥远的未来，人类的载人航天技术一定会比现在成熟很多。**50亿年后的人类，说不定已经搬到了其他星球，过着快乐的生活。**

嗯……

巨型搅拌机

本间老师，我怎么感觉这个方法不太靠谱呀。

……

我们能和外星人对话吗？

如果语言不通，我们就没办法和外星人交流。那么，我们到底应该怎么办呢？

本间老师曾和另一位天文学家讨论过这个话题。那位老师回答说："只要肯花时间，就都不成问题。"到目前为止，外国人、未知的语言，这些对于地球人来说都不陌生。只要有人愿意努力学习，最终就会成为精通这门外语的翻译。只要共处的时间够多，再加上学习，不论对方多么陌生，到最后一定都能找到互相交流的方法。

如果我们真的遇到了外星人，那么努力变成两个文明之间的第一位翻译官，也未尝不是件好事呢。

外星人的身体机制可能因居住地的不同而不同！

当我们推测外星人身体机制的时候，第一个要考虑的因素应该是天文环境。举个例子，地球人是在阳光下进化而来的物种，所以人类能看到的颜色（不同波长的光）都是由红、黄、蓝三原色所组成的，而且这些光的波长都和太阳光中某种光的波长相等。

当某颗星球的重量比太阳更轻，那么它的颜色就会更偏向于黑红色，整体颜色也更暗一些。所以住在这颗星球周围的生命体，它们能看到的颜色很可能会和人类不同：它们可能会像蛇一样，能通过红外线感知物体；也可能根本就没有视觉。

总之，外星人的身体机制很可能与人类截然不同。

宇宙中还有很多很多
不可思议的事情

在这些年里，作为一名黑洞研究者，我有了更多机会去全国各地演讲。

我在很多人面前发表过演讲，在演讲结束后，也收到了来自大家的很多提问。其中，问得最多的就是以下的这三个问题。

"宇宙的终点在哪里？"

"黑洞是一个什么样的天体？"

"世界上有外星人吗？"

我认为，我不断研究宇宙的最重要的目的，就是解开这些大家都想知道的宇宙之谜。

同时，我想这些问题对于在公立机构进行研究的人们

来说，也是不能忘记的初心。

2019 年 4 月，我们终于成功拍摄到了黑洞的照片。很多人都对黑洞感兴趣（当然我也很感兴趣），那么这次成功，多少可以解答一些大家关于黑洞的疑问了。

尽管如此，宇宙中还是充满了很多谜团和超乎我们想象的事情。而我创作这本书，就是想把宇宙中蕴藏着的那些"不可思议"告诉大家。

如果看了这本书，能有更多孩子愿意去挑战宇宙之谜，能有更多大人愿意去支持这些孩子，我将感到无比欣慰。

KOKURITSU TENMONDAI KYOJU GA OSHIERU BURAKKUHORU-TTE SUGOI YATSU

by HONMA Mareki

Copyright © 2019 HONMA Mareki

Illustration © YOSHIDA Sensha

All rights reserved.

Originally published in Japan by FUSOSHA PUBLISHING INC., Tokyo.

Chinese (in simplified character only) translation rights arranged with FUSOSHA PUBLISHING INC., Japan through THE SAKAI AGENCY and BARDON CHINESE CREATIVE AGENCY LIMITED.

Simplified Chinese translation copyright © 2023 by Beijing Science and Technology Publishing Co., Ltd.

著作权合同登记号　图字：01-2022-2434

图书在版编目（CIP）数据

爆笑大宇宙 / （日）本间希树著 ；（日）吉田战车绘；
张斯尧译. -- 北京 ：北京科学技术出版社，2023.7
　　ISBN 978-7-5714-2596-8

　Ⅰ．①爆… Ⅱ．①本… ②吉… ③张… Ⅲ．①黑洞－
青少年读物 Ⅳ．①P145.8-49

中国版本图书馆CIP数据核字（2022）第172362号

策划编辑：	陈憧憧
责任编辑：	陈憧憧
责任校对：	贾 荣
装帧设计：	旅教文化
责任印制：	李 茗
出 版 人：	曾庆宇
出版发行：	北京科学技术出版社
社　　址：	北京西直门南大街 16 号
邮政编码：	100035
电　　话：	0086-10-66135495（总编室）
	0086-10-66113227（发行部）
网　　址：	www.bkydw.cn
印　　刷：	北京宝隆世纪印刷有限公司
开　　本：	787 mm × 1092 mm　1/32
字　　数：	115 千字
印　　张：	5.625
版　　次：	2023 年 7 月第 1 版
印　　次：	2023 年 7 月第 1 次印刷

ISBN 978-7-5714-2596-8

定　　价：59.00元